U0146237

視覺溝通的法則

科技CEO與知識大師如何用簡報故事改變世界？

RESONATE

Present Visual Stories that Transform Audiences

南西杜爾特 Nancy Duarte ◎著
黃怡雪 ◎譯

熱情推薦：最好看的溝通故事書！

「南西·杜爾特把簡報濃縮出讓人們產生連結的本質——那就是偉大的故事。身為一個領導者，你必須要用你的話連結、說服、並且改變人們，所以你要開始設計你的下一場簡報之前，還敢不先參考這本書嗎！」

李夏琳（Charlene Li）

《開放式領導》（Open Leadership Author）作者

投資公司Altimeter Group創辦人

「說故事、同理心、還有創意，這些對我們的溝通、學習以及成長是不可或缺的。這本書教我們如何用有意義且有成效的方式使用、並熟練這些天賦。」

比茲．斯通（Biz Stone）

推特（Twitter）創辦人之一

「這本書帶領你走上一場美麗的旅程，用實例說明該如何建造並且發表那種『真正值得注意、令人難忘……甚至可能會改變世界』的簡報。任何有野心想對這個世界做點不一樣的人，都需要看看這本重要的書。南西又做了另一次卓越的貢獻！」

賈爾．雷諾茲（Garr Reynolds）

《簡報藝術2.0》（Presentation Zen）和

《毫無掩飾的簡報者》（The Naked Presenter ）作者

「TED最直接了解傳播出去的想法會如何改變世界，如果你閱讀這本書，你就會學到如何呈現突出、會被傳頌、而且可以創造改變的想法。」

湯姆．萊利（Tom Rielly）

TED大會（TED Conferences）社群總監

「南西知道一個秘密，而且她並不吝於分享它：如果你有意識地策劃你的簡報、如果你有目的地講述你的故事、如果你下定決心要產生你想要造成的改變，你就會成功。這本書走了很長的一段路，就是要勸你做出這個選擇。」

賽斯．高汀（Seth Godin）

行銷專家、演講者、部落客、作家

「在事實和故事之間、在影像和設計之間、在傳達信息和感動別人之間，有著很明顯的差別。這些差別可以區別出『大喊卻沒人聽到的人』，還有『只是低聲說卻會大聲且清楚地產生共鳴的人』。這是一本很棒的書，充滿有力的想法、愉快的形式、還有改變人生的見解。」

珍妮佛．艾可（Jennifer Aaker）

史丹佛大學商學院行銷學教授

《蜻蜓效應》（The Dragonfly Effect）合著者

「領導能力和學習的核心就是偉大的說故事方式。這本書既能激發你，也能提供你教導、刺激、並鼓勵觀眾『不只要聽、還要改變並且行動』的工具……這個世界需要更多這樣的書！這本書是最好的媒介，任何從事『說服別人』的企業工作者都應該要一讀再讀。」

賈桂琳．諾佛葛拉茲（Jacqueline Novogratz）

聰明人基金（Acumen Fund）執行長

《藍毛衣》（The Blue Sweater）作者

「這本書包含一切的要素：開端、中段、還有結尾，可以讓人人傳唱你的曲調。幹得好！南西」

雷蒙．納斯爾（Raymond Nasr）
推特公司（Twitter, Inc.）顧問

「就像南西．杜爾特比任何人都要清楚的，這跟投影片無關。這本聰明、具有深刻見解的書將會教導你，該如何運用說故事的力量來重述你的思考、讓你的簡報重新復甦。任何必須站在觀眾面前說服他們的人，都一定要讀《共鳴》這本書。」

丹尼爾．品克（Daniel H. Pink）
《動機，單純的力量》（DRIVE）和
《未來在等待的人才》（A Whole New Mind）作者

「杜爾特的方法是帶領讀者『經歷』某些事情（轉變是關鍵），對你如何帶領你的觀眾，還有要把他們帶去哪裡深具意義。大多數簡報者甚至連想都無法想到這個方法，更不用說建立它了。」

丹．盧因（Dan' l Lewin）
微軟公司策略和新事業開發部門副總裁

「南西是我們這個時代最偉大的說故事高手之一。謝謝你讓我們得見布幕後面的祕密、學習你的異秉天賦！」

馬克．米勒（Mark Miller）
美國知名素食連鎖店福來雞（Chick-fil-A）副總裁

「下次你必須說故事的時候，一定要拿一本南西的書當做你仰賴的指南。經歷過盛衰、眼淚和掌聲之後，南西將會幫助你找到你的方向，通往最神祕、最迷人、最有力的說故事世界。」

克里夫．艾金森（Cliff Atkinson）
《超越項目符號》（Beyond Bullet Points）和
《非正規途徑》（The Backchannel）作者

「大多數簡報的問題就是，在他們打開PowerPoint之前，演說者沒有一個令人注目的故事可以說。這本書解決了這個問題，這是世界頂尖的簡報設計師南西．杜爾特寫的另一本曠世巨作，繼她的《投影片大學問》之後，它將會在我的書櫃上佔有一個永久的位置！」

卡曼．蓋洛（Carmine Gallo）
溝通傳播技巧教練
《大家來看賈伯斯》（The Presentation Secrets of Steve Jobs）作者

「這本書讓你看到，該如何把訊息展開成故事，讓它和你的觀眾產生連結、使他們重新振作做出行動。對於管理主管、企業家、學生、教師、公務員……任何具有想法以及渴望推動這些想法的人來說，這本有力又具有開創性的作品是必備的讀物。」

卡倫．塔克（Karen Tucker）
邱吉爾俱樂部（Churchill Club）

目錄

序言 把你的好想法秀出來！

偉大的簡報就像魔術一樣。它們會讓觀眾大為驚奇。偉大的簡報者也就像魔術師一樣，但除了持久的練習以外，他們大都不願意透露自己表演背後的方法。就像魔術師之間，只對那些承諾要學習這門藝術並且成為真正魔術師的人透露秘技。同樣的，本書作者南西．杜爾特（Nancy Duarte）也要提供一個獨一無二的學習機會──而且只有認真看待簡報的人才能得到這個機會。

《視覺溝通的法則》這本書要破解簡報呈現的背後密碼，告訴你如何精心安排那些看不見的特質，塑造可以改變觀眾的經驗。

這一切，都要從「成為一個更會說故事」的人開始說起，因為，「擁有影響別人信念的力量，並且創造人們開始接受新想法」這件事，恆久不衰。「說故事」的價值遠勝過語言和文化。隨著我們迅速地往一個人們之間可透過經過改善的連結、交互媒介的創意、以及充滿數位效果的未來移動，「故事」依然代表著我們所能擁有、最引人注目的平台；它可以管理我們的想像，還有我們無窮的資料。遠超出其他任何形式的溝通，「說故事的藝術」是人類經驗的一個整體部分。擅長說故事的人往往會提供巨大的影響力和持久的經典印象。

南西．杜爾特知道要如何排列好想法，以創造出形塑世界的回應。沒人曾經如此專注在「把征服簡報的空間」當作信念，而且也很少有人曾經努力跨越更廣的顧客檔案光譜和溝通的挑戰。同時，她非常熱情地想要建立一種系統，使她的簡報創意結果可以複製和擴展。

南西．杜爾特知道要如何排列好想法，以創造出形塑世界的回應。沒人曾經如此專注在「把征服簡報的空間」當作信念，而且也很少有人曾經努力跨越更廣的顧客檔案光譜和溝通的挑戰。同時，她非常熱情地想要建立一種系統，使她的簡報創意結果可以複製和擴展。

南西．杜爾特對「過程」有種無盡的好奇心──而她藉著這種不屈不撓的驅動力，把她那些曾經受別人藐視為細節的最佳實踐編輯成書。

在過去二十年和幾十次經濟的循環中，她吸引了非常有天份的人才加入她的公司，並且以非凡的先見之明把她的公司建立成業界的領導者。事實上，杜爾特設計公司（Duarte Design）目前可以這麼聲明：世界頂尖五十個品牌中的一半，還有許多世界上最具創新能力的思想家，都是它的合作對象。這也難怪，本書中的分析和見解也因此特別令人滿意。

「知道魔術的秘密」並不會讓你成為魔術師，你要做的可不是只有閱讀本書給你的指示。沒有例外，偉大的簡報者對於學習如何琢磨及透露自己的想法是非常深思熟慮的。他們會精鍊自己說的話、精心設計簡報結構，並且嚴格地練習自己的技藝。他們會不斷地尋求更好、再修正結果。

如果偉大的簡報很容易建立和傳達，它們就不會是這麼非凡的溝通形式。《視覺溝通的法則》是為了擁有企圖心、目的、以及非凡工作期待的人所寫的。

運用你的熱情和期待，這本書中的概念將會加速你的職涯發展，或是活化你的社交活動。在杜爾特設計公司裡，我們每天都在看著這件事發生。任何在專業上尋求自我改進的人，很少擁有具備同樣潛力的槓桿。你真正需要的只是想法。歷史上大多數有影響力的簡報者（包括這本書中描述的簡報者）都是從一個真的很棒的想法開始的。你或許正在培育這種等級的想法，或是你和想法只隔一個滑板的距離，不論是哪一種，你都必須把想法公開出來，這樣我們才能全都因此受惠。

而杜爾特就想要你成為自己想法的領導者。她希望你可以提供我們其餘的人所需要的結構和方向，好迎接挑戰和機會，並且幫助我們理解自己的目標。她期待你可以從混亂中理出道理。她要挑戰你敢於表現得更透徹並喚起觀眾感情、激勵人並且具有説服力。最重要的是，她相信你可以激發我們，去做更好的行動。

丹．波斯特（Dan Post）
杜爾特設計公司總裁及負責人

Enjoy the journey!
好好享受這趟旅程吧！

開場白 一種最值得好好練習的技巧！

「語言」和「力量」的關聯非常糾結。說出口的話會把想法推出某個人的腦袋，進入開放空間，所以人類才能處理「是要採納」還是「拒絕想法」。把想法從它的開端移動到採納很難，但這卻是一場可以打贏的仗—只要巧妙地運用一場很棒的簡報。

簡報是一種很有力的說服工具，而且當它包裝在故事的框架內時，你的想法會變得完全不可中止。「故事結構」已經使用了幾百個世代，用來說服並且取悅每個已知的文化。

兩年前，我下定決心要揭開故事如何應用在簡報上的秘訣。似乎，有一種針對簡報的故事般魔術，可以引發改變並且廣泛流傳。既然我已經擁有一家公司，並曾經為許多聰明的公司或各種原因創造了上千份簡報的內容，我就投身研究了我所不知道的東西：劇本、文學、神話、還有哲學——並允許這些東西帶領我自己踏上一趟迷人的旅程。

在研究初期，我偶然發現這張德國劇作家古斯塔夫．弗萊塔克（Gustav Freytag）在1863年所畫的圖，他用這張圖來具體想像在希臘和莎士比亞戲劇中常見的五幕結構。這張圖顯示出一個戲劇故事的「外形」：戲劇會逐步建立高潮，然後再善後。

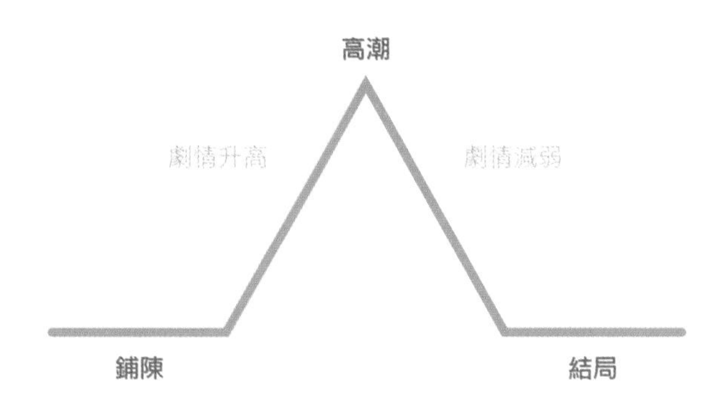

當我看到弗萊塔克的金字塔時，我就知道有力的簡報一定也有輪廓，我只是還不太知道它的外形看起來會是什麼樣子。我也知道簡報和戲劇故事不同，因為在簡報中，很少會有一個單獨的主角，他的故事只是要逐步建立一個單一的高潮時刻。簡報具有比較多層次，而且有截然不同的訊息要傳達。戲劇故事會有一個單一的高潮當做至高的事件，而偉大的簡報則會沿著多重的高峰移動，推動它們往前。

我永遠不會忘記我終於描繪出外形的那個星期六早上，我知道如果這個外形是正確的，我就應該能夠把它套用到兩場非常不同但是令人耳目一新的簡報上。所以我費盡心血分析了前蘋果電腦CEO賈伯斯在2007年發表iPhone時的演說，還有馬丁路德金恩的〈我有一個夢〉演說。這兩場簡報都符合我描繪出的格式。於是我哭了，可以這麼說，那就感覺像是一個很大的祕密被揭開了。

「故事」具有某種神聖的內涵，它們擁有一種幾乎超自然的力量，它應該要被聰明地運用。為了判定故故事力量的祕密，宗教學者、心理學家、還有神話學家已經研究故事長達幾十年。

現在還只是資訊時代的黎明，而且我們都被太多訊息給淹沒了，這些訊息攻擊我們，並且試圖引誘我們取得並且消耗資訊（然後一再重複這個過程）。我們正處在一個更加自私又諷刺的時代，這使得人們非常想要保持超然。科技提供我們許多溝通的方式，但是只有一個方式真正是人性化的：面對面的簡報。這種真正的連結才會創造改變。

你會注意到「改變」是貫穿這本書的主題，大多數簡報傳達的目的都是要說服人們改變。所有簡報都具有說服的成份，這個觀念或許會擾亂一些情緒，但不是通常會有一種想要的結果，來自被分類為「具教育價值」的簡報嗎？沒錯，你要讓你的觀眾從無知變得見識廣博，從對你的主題沒興趣變得有興趣，從被困在過程裡起而脫困，許多時候，觀眾必須用你傳達的信息做些什麼，這會讓你的簡報具有說服力。

所以不論你是工程師、老師、科學家、行政主管、管理者、政治家還是學生，簡報對塑造你的未來都能發揮作用。未來不只是一個你將要去的地方，未來是一個你可以創造的地方。你塑造自己未來的能力，取決於你有多善於傳達「當你獲得成功的時候，你想去的那個地方」。

如何使用這本書

《視覺溝通的法則》可說是我的第一本書《投影片大學問》(Slide:ology) 的前傳。在寫《投影片大學問》的時候，我覺得在溝通當中最迫切的需求，就是人們要學會如何「形象化地展現自己出色的想法，才能讓想法顯得更清楚」，使觀眾在理解時也比較不會不知所措。但我逐漸發現，其實還有更深層的問題。為內容毫無意義的投影片粉飾太平，就好像在豬身上畫口紅一樣。

簡報會經過系統化地拆解，而且本書中的方法會利用故事架構來創造可以吸引、改變，並且激發觀眾行動的簡報。經過長達二十年，為世界上最好的品牌和思考領導者研發簡報之後，我們已經把我們的「視覺故事」(Visual Story™) 方法編輯成這本書，這樣你們就能改變自己的世界！

以下是本書讀者需要注意的設計元素：

- 綠色的www記號表示在我們公司官網www.duarte.com上，有更多關於這個主題的附加資料。
- 從這本書的開頭到結尾，「簡報格式」（Presentation Form™）會被當成一種分析工具使用，而且在視覺上會用「波形圖」（sparkline；這是資訊研究學者塔夫特 [Edward Tufte] 發明的名詞）呈現。
- **粗體字**是為了方便只想略讀並且快速明白每個主題的重點的讀者。
- 藍色字體表示我個人的故事或是出自演講的文摘。
- 在內文中會有來自一些不同來源的引用文字，但是有些需要額外強調的引用文字，會特別抽出來用橘色字體標示。

這本書同時也是一本說明書、一本教你如何動手的指南，還有針對以故事為基礎傳遞訊息在商業上的辯解。這本書將會帶領你踏上一段旅程，進入一種很少有人曾經征服過的簡報素養程度。我們會利用來自故事和電影的技巧，你將會明白用來連結觀眾的關鍵步驟、像個英雄般讓觀眾服從的秘密，並且創造能夠產生共鳴的簡報。

投資你的時間

事先警告：一場高品質的面對面簡報需要花時間和計畫，但是我們的時間壓力也會讓我們沒辦法準備高品質的溝通。因此，當個偉大的溝通者需要紀律——但這種技巧會為你個人和你的公司帶來很大的回報。

卓越公司（Distinction）最近所做的一項調查卻得出了一些驚人的發現。在接受調查的高階主管當中，超過百分之八十六的人表示，清楚的溝通會影響他們的事業和收入，但是只有百分之二十五的人會花超過兩小時的時間準備非常重要的簡報。這中間的差距還真是大。

為一場重要簡報投注心力的結果，是無法和其他任何媒體比擬的。當你有效地溝通想法時，人們就會遵從並且改變。精心策劃之後說出口的話是世界上最有力量的溝通方式。這本書中描寫的溝通者從事的畢生事業就是明證。

希望你們會喜歡！

南西

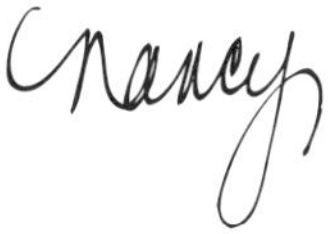

卓越公司對企業主管所做的溝通調查結果

1 你會如何排序個人簡報技巧在你從事的工作上的重要性？	2 你認為創造一場簡報最具挑戰性的部分是什麼？	3 你會花多少時間練習一場「很重要」的簡報？
86.1% 清楚的溝通會直接影響我的事業和收入。	35.7% 整合一則很棒的訊息。	12.1% 我根本就很少有時間練習。
13.8% 我有時候會做簡報，但是簡報對我的工作似乎沒那麼大的利害關係。	8.9% 創造有品質的投影片。	16.2% 5-30分鐘。
0% 我不會做任何正式的簡報。	13.8% 用有信心的技巧傳達簡報。	17.0% 30 分鐘到一小時。
	41.1% 以上皆是！	29.2% 一到兩小時。
		25.2% 超過兩小時！

©www.distinction-services.com

共鳴：簡報革命的前奏

說服的力量

讓人們開始行動、購買產品、採納觀點，關心特定主題—這一切全都能靠簡報幫忙。

偉大的簡報可以改變觀眾，而真正偉大的溝通者要引誘觀眾採納想法並且付諸行動時，他們會讓過程看起來很簡單。這可不是會自動發生的現象，而是需要付出長期且深思熟慮的時間代價，才能建立深刻產生「共鳴」並引發同理心的訊息。

這本書從開頭到結尾，你會從一些最偉大的溝通者身上學習。他們每個人都很不同，也提供非常獨特的見解，但是他們還是有共同點：他們都為自己的想法創造了高度的支持。這些溝通者並不需要強迫或命令觀眾採納他們的想法；正好相反，是觀眾會用全心全意的支持回應了他們。

偉大的溝通者就像……

激勵大師
班傑明．山德爾
(Benjamin Zander)
波士頓愛樂管弦樂團指揮

行銷專家
貝絲．康斯托克
(Beth Comstock)
奇異公司行銷總監

政治家
雷根
(Ronald Reagan)
美國前總統

指揮家
伯恩斯坦
(Leonard Bernstein)
紐約愛樂管弦樂團指揮

學人
理查 · 費曼
(Richard Feynman)
加州理工學院教授
物理大師

牧師
約翰 · 奧伯格
(John Ortberg)
門羅公園長老教會牧師

行政主管
賈伯斯
(Steve Jobs)
蘋果電腦執行長

行動主義者
馬丁 · 路德 · 金恩
(Martin Luther King Jr.)
民權運動領袖

藝術家
瑪莎 · 葛蘭姆
(Martha Graham)
當代舞蹈家

共鳴帶來了改變

大多數簡報，要傳達的共同目的是想說服觀眾改變他們的想法或行為。當一個想法呈現出來，它要不就是引起更多困惑的凝視，要不就是激起瘋狂的熱情，這全取決於你傳達訊息的方式有多高明，以及訊息和觀眾產生共鳴的程度有多大。在聽完一場成功的簡報之後，你或許會聽到人們說，「哇，她說的話真的對我產生了很大的共鳴。」

但是，「確實和某個人產生共鳴」到底是什麼意思？

我們來看看一個簡單的物理學現象。如果你知道某個物體自然的振動頻率，那麼你不用碰到它也可以讓它振動。**當某個物體自然的振動頻率和某個擁有相同頻率的外在刺激取得回應的時候，共鳴就會產生。**右頁有一張美麗的共鳴顯示圖片。我兒子把鹽撒到一個金屬盤上，接著他把盤子和一台放大器接在一起，這樣一來聲波就會在盤子上到處移動。隨著頻率提高，聲波會變得更緊密，鹽的顆粒也會跟著抖動、跳動、然後移動到新的位置，把它們自己組織成美麗的圖案，彷彿它們真的知道自己「屬於」哪裡。www

在www.duarte.com上面有更多資料

有多少次你曾經希望學生、員工、投資者，或是顧客會匆忙、生氣勃勃、跳往他們需要去的確切位置以創造嶄新的未來？

如果觀眾能夠像這些鹽的顆粒一樣順從，又能在想法和目的上取得統一，那就太棒了。它們真的可以做到。**如果你調整自己的頻率去適應你的觀眾的頻率，這樣一來訊息就會深刻地產生共鳴，而且他們也會展現出像鹽一樣自我組織的行為。**你的觀眾會看出他們該移動前往的地方，以便創造某種集體的美麗。那就像一陣風潮般的共同改變。

重點是：觀眾並不需要調整他們自己的頻率配合你，是你需要調整你的訊息的頻率配合他們。有技巧的簡報需要你明白他們的喜好和想法，並且創造出「和已經存在的喜好和想法產生共鳴」的訊息。如果你傳送出一則配合人們需求和渴望頻率的訊息，你的觀眾將會大為感動。他們或許會因為狂熱而發抖，並且一致地回應、創造出美麗的結果。

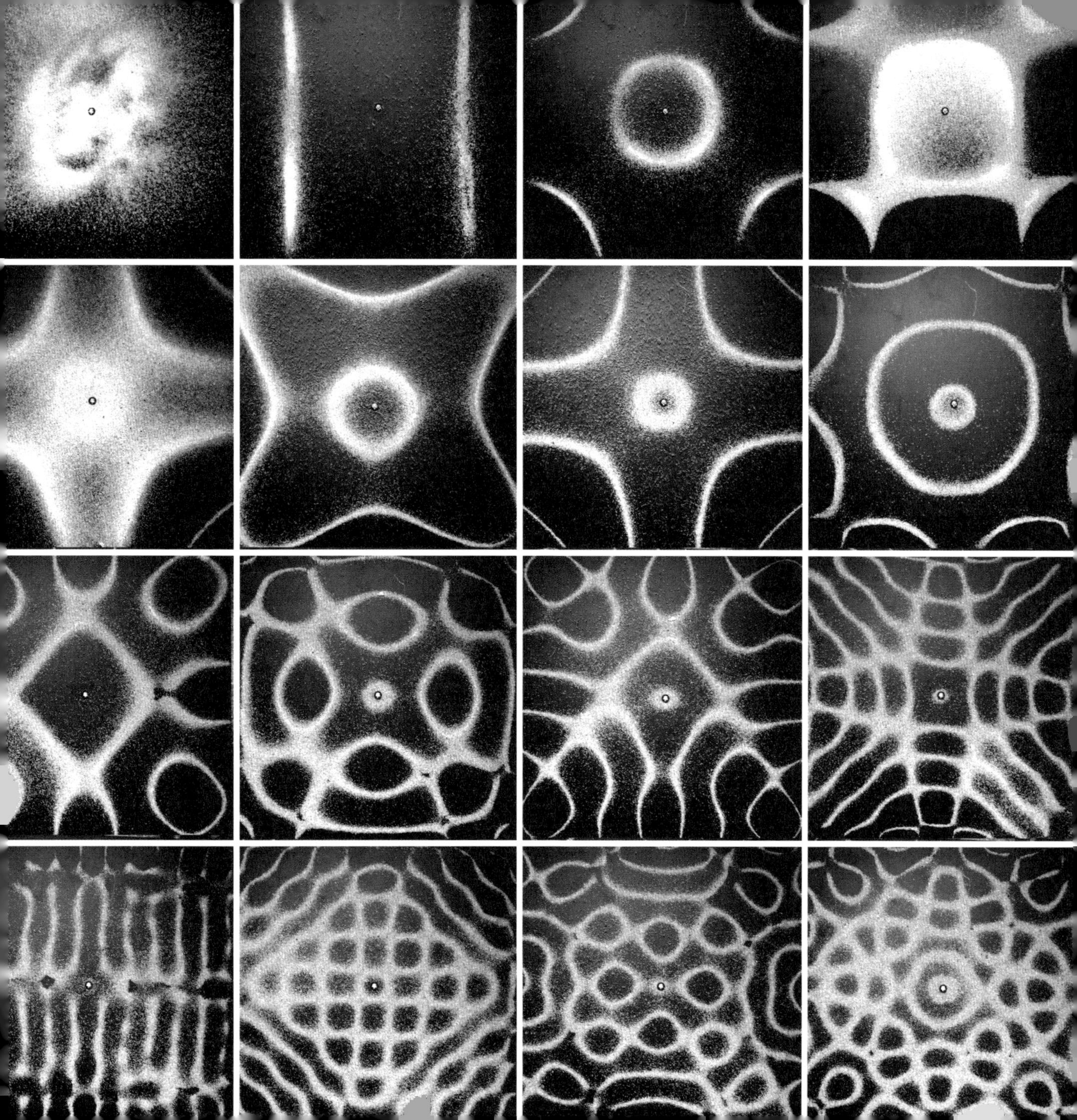

會改變，更強大！

簡報跟「改變」有關。任何商業，而且實際上是所有的行業，都必須求改變並且適應才能保持活力。

一個組織會經過一系列生命的循環，從創立、成長、成熟，到最後衰退——也就是說，除非它們可以改造自己，否則就會衰退。通常創辦企業的目的，是因為有人想出一個有關未來世界的清楚願景，可以讓它成為一個經過改善的地方。但是那個經過改善的世界會迅速變成一個平凡的世界。一旦組織達到成熟的境界，它就不能變得太過舒適。要避免潛在的衰退，組織就必須改變並且改造自己的對策，這樣它在未來才能抓對時機，站對地方。如果組織不採取新的途徑，它最後就會凋零。仔細地對每位股東和客戶傳達每個移動因此變得很重要。

朝一個未知的未來移動需要大膽的直覺技巧，其中包含不熟悉的風險和報酬，但是企業必須要做出這些移動才能生存。學會在介於「現實狀況」和「可能狀況」之間的慢性變遷和緊張中成長茁壯的組織，會比不能這麼做的組織來得更健全。很多時候未來是沒辦法用統計學、事實或證據量化的。有時候領導者必須讓自己的勇氣引導自己進入那些統計學甚至還沒驗證、也沒經過詳細規劃的領域。

一個組織應該要有持續的變換和改善才能保持健全。這會讓即使是員工會議上的簡單簡報也能成為說服的平台。你必須說服你的團隊在未來某個清楚的地方自我組織，否則就可能會走向組織的末日。

想走在下個彎道的前頭需要勇氣和溝通：勇氣是用來判定下一個大膽的移動，溝通則是用來保持部隊堅守往前移動的價值。

創新和存活過程的全部，就是要讓股東在一個共同的行動過程中團結地一起移動。如果組織想要掌控自己的命運的話，組織中每個階層的領導者都必須擅長創造共鳴。

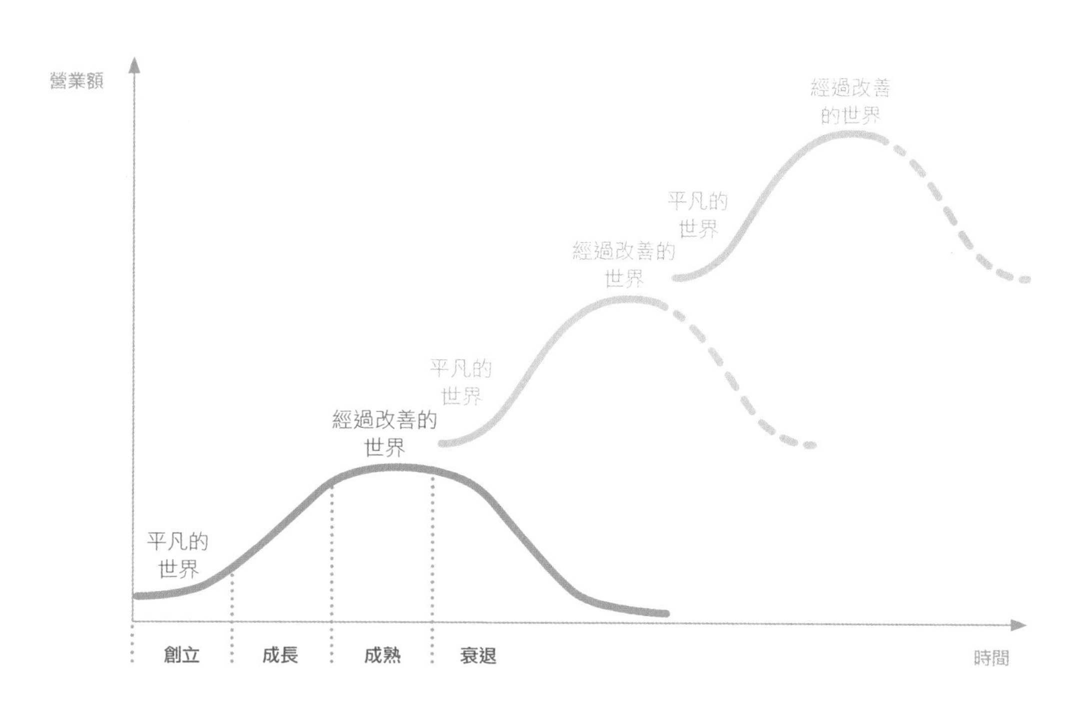

「沒有改變是不可能會進步的；不能改變自己想法的人，
也不可能改變任何事。」

蕭伯納（George Bernard Shaw）

簡報很無聊？

簡報是商業活動的貨幣，因為它們是改變觀眾最有效的工具，但是許多簡報卻很無聊。大多數的簡報都是可怕的失敗溝通，還有些簡報則實在無趣。有沒有可能有一種方法可以讓簡報技藝復甦，達到一種不只可以展現生命跡象，而且還能實際吸引觀眾用出神的注意力理解的程度？

如果你曾經落入糟糕簡報的陷阱，你幾乎會立刻發現這種感受。你可以在幾分鐘內分辨出這場簡報就是不好，花時間認屍可不需要太久的時間！更糟糕的是，隨著全世界的文化變成媒體豐富的環境，想維持觀眾的注意力也變得越來越困難。熟練的廣告經銷商和好萊塢的電影製片花了很多時間和金錢，在他們的媒體中建立顫動和韻律。儘管娛樂事業提升了觀眾受吸引的程度，簡報卻變得不像以前那麼吸引觀眾了。

那麼，要是簡報這麼糟糕，為什麼還要安排它們？人們天生就知道和別人取得聯繫可以產生有力的結果。我們渴望人類的聯繫，在歷史上到處都可以發現，簡報者和觀眾的交換會引爆大張旗鼓的革命、散播的創新，以及大量的新行動。**利用一種沒有其他媒體能使用的人類聯繫方式，簡報會創造出一種針對有意義改變的催化劑。**許多時候直到你和人們親自對話，你才可以建立發自內心的聯繫，激勵他們採納你的想法。**那個聯繫就是為什麼有些平凡想法有時候卻得道多助，聰明想法卻會消逝的原因——歸根究柢這全都關乎想法呈現的方式。**

具有顫動的簡報會有起伏，過程中的爆點運用了對比——那可能是內容、情緒、還有表達上的對比。就跟你的腳趾會怎麼跟著好聽的拍子打拍子一樣，你的腦袋也會享受在某件新事物持續發展和揭開的時候，去深入了解其想法。有趣的見解和對比會讓觀眾一直往前傾，等著聽到每個新發展要如何解決。

在想法裡注入生命力需要很多努力，比起把我們今天逐漸稱為「簡報的廢話」丟在一起，創造有趣的簡報需要一個更加深思熟慮的過程。花精力了解觀眾並且精心設計可以和他們產生共鳴的訊息，也代表簡報者對過程的時間和紀律堅守承諾。

有一個簡單的方法可以判定值不值得把這種程度的承諾放進簡報裡……

只要問你自己：我有多希望我的想法可以存活？

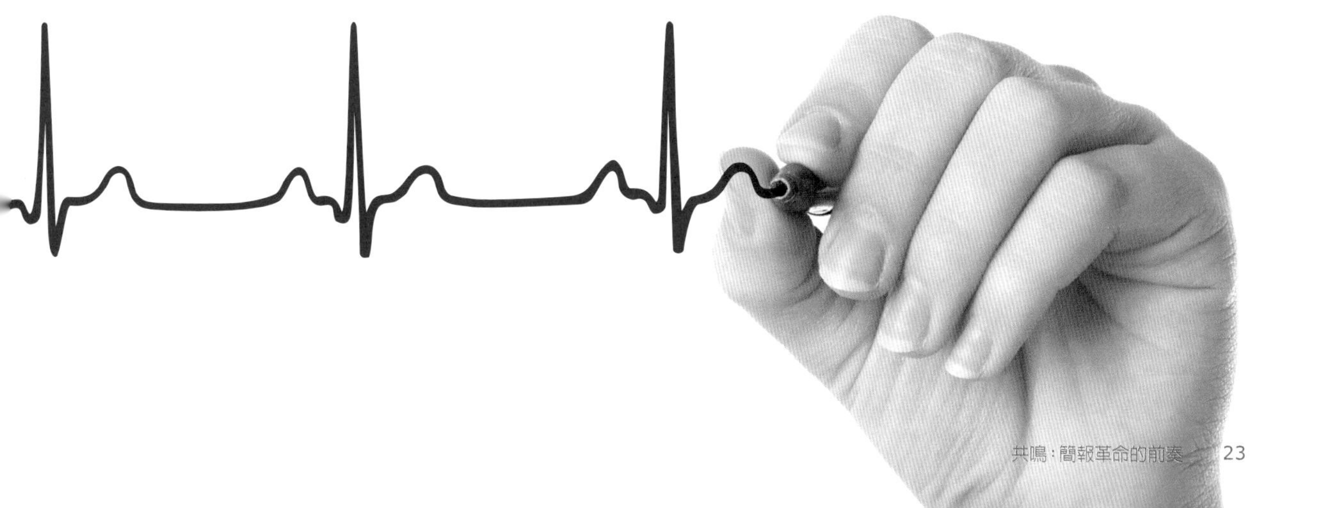

向乏味溝通Say No！

簡報者的工作是要讓觀眾清楚地「看到」想法。如果你的想法很出色的話，他們就會注意到。

說服力的敵人就是含糊不清。

只要仔細觀察這件事反面，你就會學到什麼東西會排斥注意力：偽裝。偽裝的目的是要減少別人注意到你的機會，方法則是混在背景環境中。而對溝通者來說，永遠都不該把訊息混在環境裡。你越是希望你的想法被採納，你的想法就越是有必要出色。如果想法混在環境中，它的清晰度和受到採納的機會都會減少。你永遠不應該要求觀眾根據不清楚的選項做決定。

不要含糊，要和你的環境有點衝突。要表現出色，要有很獨特的不同，這樣才能吸引對你的想法的注意力。沒有東西本身會具有「本質上吸引注意力」的魔法，這樣的魔法只在於某樣東西在它的背景裡有多顯眼。如果你和你的大學好友一起去打獵，卻不希望和他們的獵物被搞混，一般會建議你穿上安全的橘色衣服。因為森林裡沒有這種特殊的顏色，你就會顯得很出色。

在溝通當中，在「環境」裡顯得出色的意思是說，在你的競爭者當中表現得引人注目，甚至和你自己的組織產生對比。如果你想獲得觀眾出神的注意，你就必須表現出「你的想法」和「已經存在的期待、信念、感覺或是態度」有什麼樣的對比。比起表現得引人注目卻有弱點，順應陳舊又千篇一律的常規肯定會覺得比較安全。但是當你被埋沒在千篇一律的汪洋中，並不會產生偉大的結果或是解決重大的問題。背上帶著橘色的箭靶繞著你乏味的組織跑可能會很可怕。這樣很危險，而且需要毅力才能在朋友和敵人之間表現出不同。但讓你的訊息表現出色很重要，否則就沒有人會記得它。

雖然你未必需要反抗目前的訊息和內容，但是你確實需要帶它們脫離目前傳達方式的無趣及陳舊。找出機會表現對比，然後在這些對比周圍創造魅力和熱情。現在的簡報會很無聊，就是因為沒有什麼有趣的事情發生。簡報沒有對比，因此觀眾才會喪失興趣。

人們其實很有趣的……

有一個很棒的方法可以表現得引人注目，那就是要真實。很多簡報往往會剝奪所有人性，儘管面對它的整群觀眾就是由人類構成！許多組織會支配員工把無意義的文字組合在一起、把它們投射到投影片上，然後像自動機器一樣談論這些投影片。這種文化的標準是要讓簡報的人隱身在投影片背後，就好像有一種精通溝通的格式。看看右邊的投影片，這些都是從真實的簡報中抽出來的真實言論，這些言論毫無意義，但是卻有人寫下這些言論企圖吸引、並且引誘顧客接受產品或服務。這是錯誤的誘餌。

這些簡報者認為他們可以隱藏在寫滿專業術語的牆壁後面，但是人們在簡報當中真正要尋找的是某種人性的連結。

到目前為止，大多數人性、透明還有相關的溝通形式發生的時機，都是在兩個人分享共同的信念，並且根據信念創造連結的時候。簡報對產生這種連結來說是一個理想的機會，因為它是少數幾種人們會彼此親自融入的互動形式之一。

深刻的連結就是讓一場偉大的簡報可以引人注目的元素。**塑造連結是一種藝術，而且當它執行得很好時，結果就可能會很驚人。**

表現出人性並且冒點險是創意結果的基礎。冒險表示你願意深入了解某件你的勇氣告訴你「會有效的事情」，卻不讓你的腦袋告訴你要脫離它。這就是把創意和人性發揮到極限的表現。不幸的是，許多文化都會扼殺冒險，許多職場也會約束人性的關聯。

「對你自己誠實包含表現並且分享情緒。激勵大多數說故事的人的精神就是『我希望你感覺到我的感受』，而設計有效敘述方式的目的，就是要讓這件事發生。這樣一來，信息就一定會和經驗連結，並且變得難忘。」

商學教授、電影製片人彼得．古柏（Peter Guber）

飛快地說出專業術語並且讓溝通維持在中立情緒比較容易做，但是「最容易」未必代表「最好」！

以下這些言論都取自真實的簡報，但是都排除了一切的人性。躲在這類言論後面做簡報，卻不深入了解什麼對觀眾比較有人性，做來是比較容易。

只有事實是不夠的

你可能擁有成堆的事實，卻還是不能引起共鳴。重要的不是訊息本身，而是訊息帶來的情緒有何影響。這並不表示你應該完全拋棄事實，你要利用大量的事實，但是要伴隨著情感訴求。

「因為邏輯被說服」和「基於個人信念而相信」這兩者是有差別的。你的觀眾可能會同意你呈現出的想法過程，但他們仍然可能不會響應號召。人們很少會只根據理性採取行動。你需要深入了解其他更深層次的渴望和信念，才能具有說服力。你需要一根比事實更尖銳的小刺來探刺他們的心。這根刺就是情感。

「問題是這樣的：對一個選擇不要相信的人來說，任何電子表格，任何參考書目，還有資源清單都不算是足夠的證據。懷疑論者總能找到一個理由，即使我們其餘的人都不認為那是個好理由。太過依靠證據會分散你對真正的使命，也就是情感上聯繫的注意力。」

行銷名家賽斯．高汀（Seth Godin）

在你人生中的某些時候，你曾經激發過你的情緒。你曾經經歷過背脊發涼或是胃部不舒服的感覺。當某件事情和你產生情感上的共鳴時，你就會在身體上感覺到它。

就以現在來說，情感是一種強大的消費者行為驅動動力，但以前並不是如此。在一九九〇年代以前，人們很少公開表達情感，討論感情或渴望是不為社會接受的。開發出來的產品只會被當做必要的東西行銷，不會被當做「想要的東西」。隨著公關和廣告變得流行，企業開始根據消費者慾望而未必是消費者需求作競爭。突然之間，不相關的對象成為強大的地位象徵。

到了今天，情感訴求已經是家常便飯。廣告可以讓我們哭或笑，覺得性感或是感到內疚。在一個30分鐘的電視節目裡，可以感覺到非常廣泛的情緒。就連餐的菜單也會利用會讓我們感到頹廢、驚訝、或是狂喜的食物，吊我們胃口。我們根本無法逃避。

因此，比起從前，到了今天，只是傳達產品的詳細規格或功能概要是不夠的。**如果有兩種產品具有相同的功能，消費者將會選擇訴諸情感需求的產品。**

亞里斯多德說過，能夠控制說服藝術的人，必須要能夠「明白情緒，這也就是說要指明情緒並且描述它們、知道情緒發生的原因和激發情緒的方法，」而且「如果演說能夠激起他們的情緒的話，說服就可能會成功通過觀眾那關。」

消費者很習慣情感的訴求，而且他們肯定會準備好要對情感上的訴求做出回應。那我們為什麼還不去呈現情感呢？因為這太不自在了。對那些愛好分析的專業人士來說，這是個特別難採納的技巧。這樣想比較容易，「感覺不會讓我得到工作上的報酬，實作才會讓我得到工作上的報酬。」這是真的。但如果你的團隊沒有動力往前進，或是你的客戶沒有動機購買，那麼你就有麻煩了。

在簡報中包含情感並不表示它應該要有一半事實、一半情感，也不表示要在每個觀眾座位底下放幾盒面紙。這不過表示你要引進訴諸觀眾渴望的人性化，如果你能好好利用故事，激起觀眾發自內心的反應其實沒有那麼難。

「大眾是由為數眾多的團體所組成，他們對我們作家的呼籲是：『安慰我』、『取悅我』、『碰觸我的同情心』、『讓我悲傷』、『讓我做夢』、『讓我笑』、『讓我發抖』、「讓我哭泣」、『讓我思考。』」

小說家莫泊桑

故事會表達意義

自從人類第一次圍坐在營火旁開始，說故事的目的就是要建立情感上的聯繫。在許多社會中，故事已經流傳好幾代，幾乎不曾改變。所有時代最棒的故事都經過精心包裝和絕佳的轉移，以致於數百代的文盲都可以重複這些故事。我們早期的祖先有很多故事可以解釋自然中每天的日常事件，比如為什麼會有日出日落，還有更包羅萬象的後設敍述，關於生命的意義等。**故事是最強大的訊息傳遞工具，比起任何其他藝術形式都來得更強大和持久。**

人們喜歡故事是因為生活中充滿了冒險，而且我們天生就會透過觀察別人的變化記取教訓。生活很混亂，所以我們會同情擁有類似我們面對的現實生活挑戰的人物。我們聽故事的時候，在我們的身體裡的化學物質會變化，我們的腦袋也會變得呆住。當人物遭遇的情況包含危險的時候，我們會被吸引，當他避開危險而且得到報酬的時候，我們會興高采烈。

如果你像許多專業人士一樣，對利用故事來創造情感訴求會感覺很不自然，因為它需要至少在某種程度上對你私底下其實不熟的人表現出脆弱的一面。講述一個親身的故事可能會特別讓人怯步，因為很棒的親身故事會包含衝突或糾葛，暴露出你的為人或缺陷。但這些也都是具有最基本力量，可以改變別人的故事。人們喜歡跟隨一個在親身的挑戰中存活下來，而且可以自在地分享自己對奮鬥和勝利（或失敗）敍述的領導者。

「讓想法和情感取得聯繫最好的辦法，就是講述一個令人信服的故事。在故事當中，你不僅會在講述中編織許多信息，也會喚起你的觀眾身上的情感和精力。用故事說服別人很困難，任何聰明的人都能坐下來列出清單。設計一個使用傳統修辭的論點需要理性，不太需要創意。但是提出一個包含足夠情感力量好讓人難忘的想法，卻需求生動的見解和說故事的技巧。如果你能掌控想像還有說好故事的原則，那麼你就能讓人們站起來給你如雷般的掌聲，而不是打哈欠和忽略你。」

創意編劇者羅伯特．麥基（Robert McKee）

訊息是靜態的，故事是動態的，故事可以幫助觀眾想像你的舉動或你相信的事物。講述一個故事，人們將能更受吸引並接受你傳達的想法。**故事可以連接人們彼此的心。價值觀、信念和規範會由此變得相互交織。當這種情況發生的時候，你的想法就可以更容易在他們的腦袋中成為現實。**

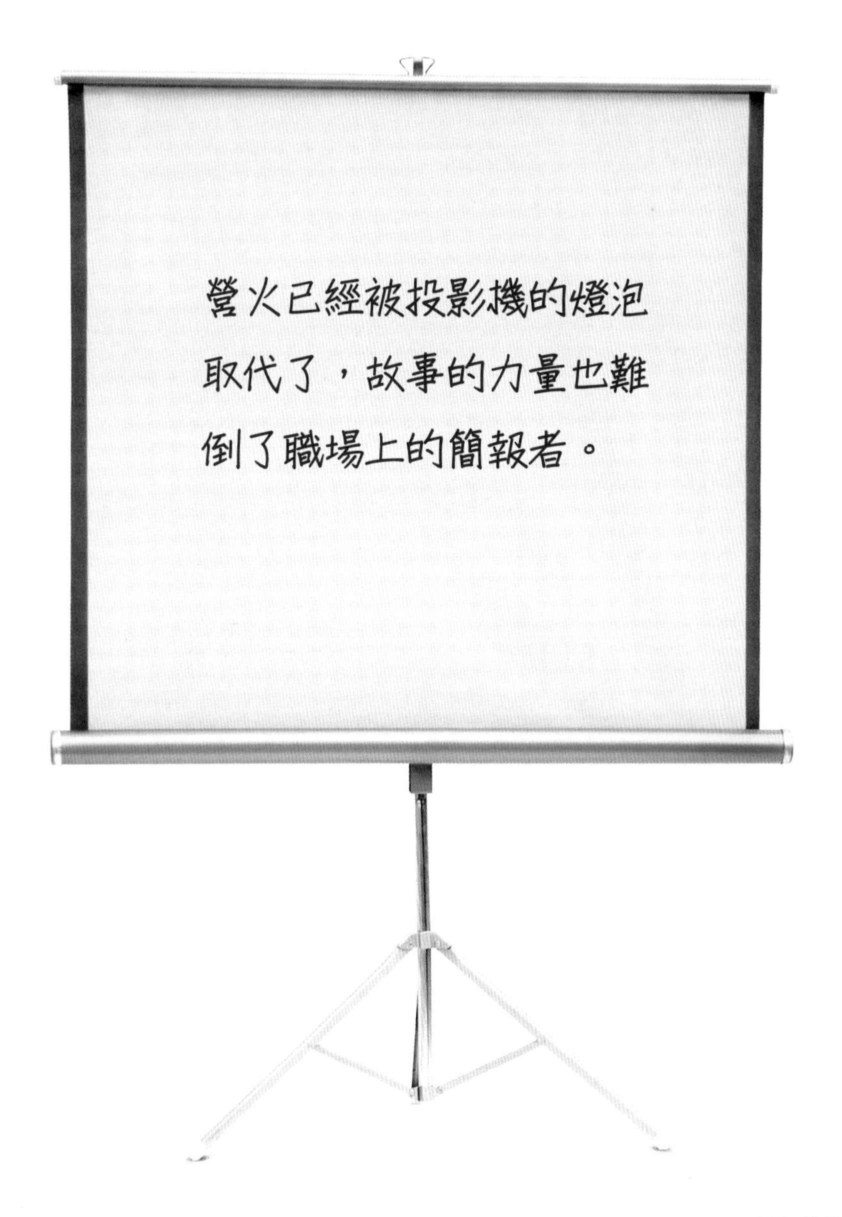
營火已經被投影機的燈泡
取代了，故事的力量也難
倒了職場上的簡報者。

你不是英雄

試圖和別人在簡報中取得聯繫的時候，你要記住這一切都「跟你無關」。觀眾討厭傲慢和自我中心。如果你抵達一個派對現場，卻遇到一個可怕、自我中心、自稱自己什麼都知道的人，觀眾也會被喚起和你一樣的感覺。如果眼前這個人只會講述自己的興趣，說他是多麼的酷，還有他是多麼偉大，恐怕你最後只會心想，「什麼東西！」並且想盡辦法脫身。這是為什麼？這是因為他的談話並沒有包括你、你的想法或你的觀點。**自我中心的人沒辦法和別人取得聯繫。沒有人會願意和這樣的人約會、一起工作，甚至在他發表的簡報上從頭坐到尾。**那麼，為什麼很多簡報會充斥著像這頁圖中自我中心的內容呢？

It's all about me
一切都跟我有關

I'm best of breed
我是最棒的

My partners are cool
我的夥伴很酷

I have synergy
我能創造效果

I'm great!
我很棒！

Customers & analysts LOVE me
顧客和分析師都很愛我

My product is the best
我的產品是最棒的

I'm available 24/7
一個星期七天，每天24小時，我都有空

Let's talk more about me
我們多談一點我的事吧

My market cap is HUGE
我的市場價值很大

I have lots of employees in many locations
我在很多地方擁有很多員工

You need my help
你需要我的幫

I'm flexible & scalable
我既有彈性又能擴張

I'm in a win-win situation
我處在雙贏的狀況裡

大多數簡報會從「我」開始。最前面幾張投影片的某個地方就是那張可怕的「一切都跟我有關」的投影片，通常看起來會像右邊的投影片其中一張。

重要的是觀眾對於你和你的組織多少知道一些。會有其他的方式可以傳達這個信息（比如講義），這樣你就可以專注在觀眾當中的人，直接開始，並且聚焦你的簡報，這樣你的簡報才能和觀眾的頻率產生共鳴，而不是你的頻率。

身為簡報者，你很容易會覺得你的產品或原因應該是觀眾的腦袋裡最重要的事情。你甚至可能會認為，「我是英雄，我來這裡是要拯救他們脫離自己的無助和無知，只要他們知道我知道的事情，這個世界就會變得更美好。」如果你針對自己、你的產品，還有你能帶來的效益炫耀而且喋喋不休，你就會變成派對上那個自我中心、自稱自己什麼都知道的人，這樣觀眾也會想要逃離。請反過來做，你要抱持著謙遜的立場，尊重你觀眾的需求。記得要從共有的了解立場開始你的簡報。

請讓你的簡報跟觀眾有關。

自私的做法

關於我們
公司歷史
市面價值
#多少員工及 #什麼位置
關於我們的產品和服務
產品和服務
產品和服務的作用
為什麼它比別的選擇好
行動的號召（高調又理想地說）

糟糕簡報的範例

XYZ投資公司
1988年創立於阿拉斯加州的安克拉治
我們投資的公司特色：
提供專業的資訊服務
提供特別的技術並展現特殊的管理專門技術
傳遞複雜的資料和信息管理解決方法，做為系統及/或應用整合者
平均年收入： $51.5 M

XYZ軟體公司
1984年設立
總部：加州舊金山
整合的產物保險軟體和服務
專注在非主流的風險與個人保險市場
經過認可的風險管理解決方案領導人
在美國和加拿大擁有超過一百家客戶

觀眾才是英雄

您必須順從你的觀眾，因為如果他們不受吸引並且相信你的訊息，你就會是輸家。如果沒有他們的幫忙，你的想法就會失敗。

你並不是拯救觀眾的英雄，觀眾才是你的英雄。

在《哈佛商業評論》一篇文章中，編劇查德．赫吉（Chad Hodge）指出，我們應該「[幫助]人們了解他們自己擔任主角的故事，無論情節涉及毆打壞人或是實現一些偉大的企業目標。人人都想成為明星，或至少覺得這個故事是在講述他個人，或是跟他個人有關。」企業領導者需要把這點謹記在心，把觀眾當中的人放在行動的中心，讓他們覺得簡報是針對他們個人所做的。

你在做簡報的時候，不要用一種傲慢的態度炫耀說，「一切都跟我有關」，你的立場應該是謙遜的，「一切都跟他們有關」。記住，你和你的企業的成功取決於他們，而不是反過來。是你需要他們。

那麼你的角色是什麼？你是啟蒙導師。你是電影《星際大戰》裡的尤達（Yoda），不是路克．天行者（Luke Skywalker）。觀眾才是要做所有吃力的工作，幫助你達到你的目標的人。你只是一個幫助他們在自己的旅途中脫困的聲音。

啟蒙導師往往會被比喻為智者，比如說《駭客任務》中的祭師，或甚至是《小子難纏》中的宮城教練。身為一個啟蒙導師，你的角色是要給予英雄指引、信心、見解、建議、訓練，或是有魔力的禮物，這樣他才能克服他一開始的恐懼，和你一起進入全新的旅程。

把你的立場從覺得你是英雄變成承認你的角色是啟蒙導師，將會改變你的觀點。你會來自一個謙卑的位置，擔任你的觀眾隨從的角色。啟蒙導師具有一種無私的性質，並且願意作出個人犧牲，好讓英雄可以達到報酬。

大多數啟蒙導師本身就是英雄。他們的經驗已經變得夠多，可以教導別人他們會在自己的生命旅程中學到的特殊工具或力量。啟蒙導師已經經歷過一次或多次的英雄之路，並且學會了可以傳授給英雄的技巧。

當你要開始做簡報的時候，你或許會是房間裡最有見識的人，但是你會利用智慧和謙遜運用你的知識嗎？簡報不能被視為一個「用來證明你有多麼聰明」的機會，正好相反，觀眾離開的時候應該要說，「花時間聽（在這裡插入你的名字）做的簡報真是天大的禮物，現在我擁有了我之前沒有的見解和工具，可以幫助我取得成功。」

把你的立場從英雄改變成啟蒙導師，將會賦予你謙遜，幫助你用新的觀點看事情。**只有當簡報者採取謙遜的立場時，觀眾的見解和共鳴才會產生。**

觀眾才是英雄

這是你！

路克．天行者和尤達
《星際大戰五部曲：帝國大反擊》（*Star Wars Episode V：The Empire Strikes Back*）

簡報擁有改變世界的力量。幾乎每一個動作和要緊的決定的連結都取決於得到引力的口頭語言，而且簡報也是一個強大的說服平台。

但是簡報現在被毀壞了，它們被認為是必要之惡，而不是一種具有強大力量的工具。這種力量的彈簧來自簡報者和別人取得深刻的人性聯繫的能力。要是不想和別人取得聯繫，簡報者往往會以自我為中心，反而疏遠了觀眾。觀眾感覺不到聯繫的時候，改變的機會就會減少。

把你的立場從英雄的立場改變成有智慧的、說故事的人，這將會讓觀眾和你的想法取得聯繫，和你的想法取得聯繫的觀眾才會改變。

[視覺溝通的法則 1]

共鳴，
會帶來改變。

組織一個故事

所有類型的作品，包括簡報在內，都會落在兩個極端之間的某處：報告和故事。報告的作用是「通知」，而故事的作用是「娛樂」。報告和故事在結構上的差別就是：報告利用主題組織事實，而故事則是戲劇性地組織場景。而簡報落在這兩者中間，它同時含有信息和故事，所以它們一般被稱為「詮釋」（explanations）。

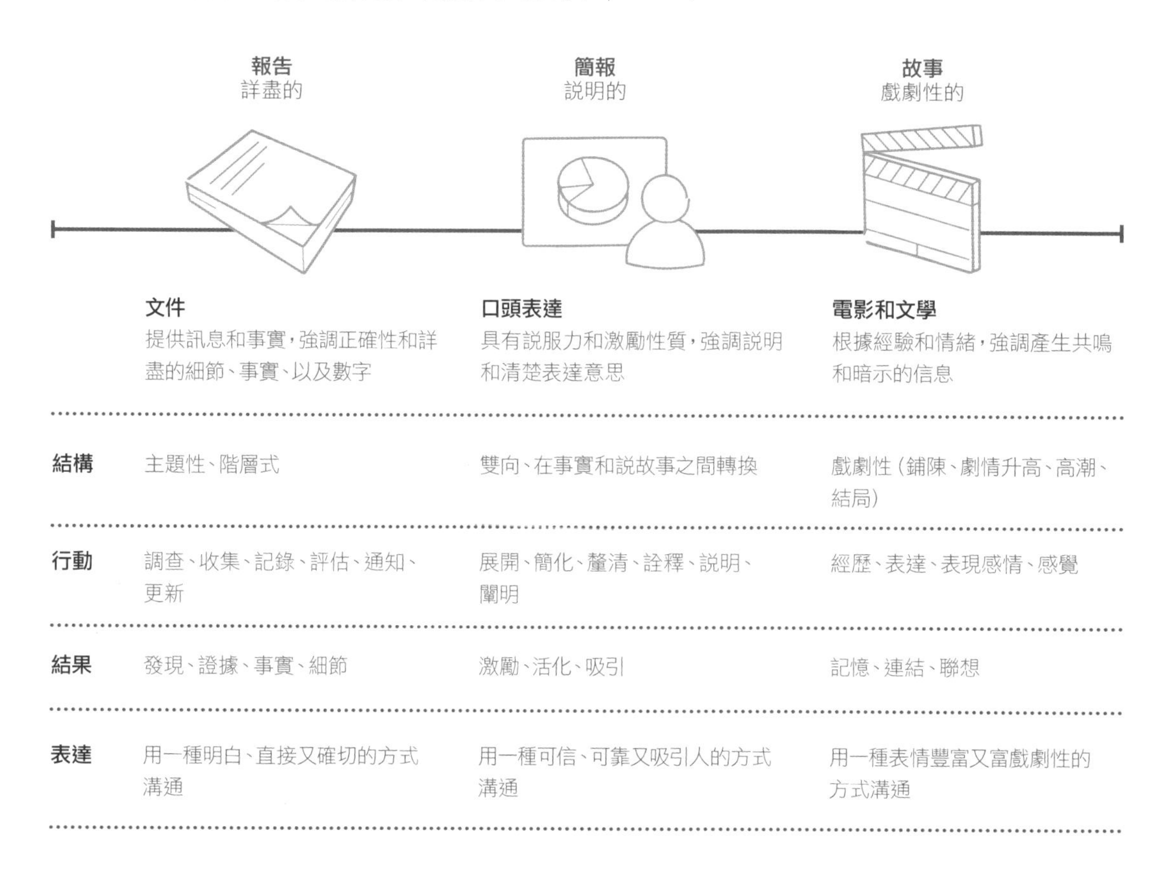

	文件	口頭表達	電影和文學
	提供訊息和事實，強調正確性和詳盡的細節、事實、以及數字	具有說服力和激勵性質，強調說明和清楚表達意思	根據經驗和情緒，強調產生共鳴和暗示的信息
結構	主題性、階層式	雙向、在事實和說故事之間轉換	戲劇性（鋪陳、劇情升高、高潮、結局）
行動	調查、收集、記錄、評估、通知、更新	展開、簡化、釐清、詮釋、說明、闡明	經歷、表達、表現感情、感覺
結果	發現、證據、事實、細節	激勵、活化、吸引	記憶、連結、聯想
表達	用一種明白、直接又確切的方式溝通	用一種可信、可靠又吸引人的方式溝通	用一種表情豐富又富戲劇性的方式溝通

把簡報當作報告而不是故事來寫，已經變成文化上的標準，但是簡報其實不是報告。許多創造簡報的人，會被困在固有的思考模式中，認為只要他們使用PowerPoint之類的簡報軟體來創造報告，那份報告就是簡報，才不是這樣！就算報告應該要經過發佈，簡報也應該要經過呈現。很多文件會戴上簡報的面具，而這些「偽裝成投影片的文件」早已變成許多組織當中的通用語言。儘管文件和報告非常珍貴，它們卻不需要只為了主持一場「跟讀」的目的而被放到投影片上。

所以，如果報告主要的目的是要「傳達訊息」，那麼故事主要的目的就是要「產生經驗」。好好混合這兩者，會創造出一個針對你的簡報的完美世界，在這個世界裡，事實和故事可以像蛋糕一樣分層。在事實之間航行，接著是故事、接著是事實，接著故事能創造出興趣和衝動。混合報告素材和故事素材會讓訊息比較好消化。它是幫助你吞下藥物的糖。

那種平鋪直敘、以數字資訊為主軸的靜態報告，比較讓簡報者感到自在、也比較不花時間，但是這個作法不會讓人們和想法取得聯繫。從你知道「你必須創造簡報，而不是報告」的那一刻起，你就得把你固有的思考模式從單單傳遞訊息切換到創造經驗。這是沿著光譜上「從單純的報告往故事移動」的第一步。

其實有很多機會可以在簡報裡使用戲劇故事結構。但是你要怎麼創造戲劇性的經驗呢？請先**創造觀眾的渴望，接著展現你的想法有多能滿足這個渴望，這會鼓動人們採納你的觀點。這也就是故事的核心。**

本章將會從目前可以找到最棒的故事方法中抽取一些見解，包括了：神話、文學、還有電影。一旦你明白它們的力量，你就會看出為什麼偉大的簡報為什麼要遠離報告而更趨近故事。

戲劇是一切

簡報其實跟一部好電影一樣，有可能拉住觀眾的興趣。你或許會覺得寫一部成功的劇本需要花好幾年，但你眼前有個真正的工作（一場簡報）得做。但是適當地溝通想法、幫助人們明白觀點、並且說服他們改變；難道不是你「真正的工作」的一部分嗎？何妨用一些虛構故事和電影的特質建立你的簡報，那將會幫助你的想法和別人產生共鳴。

很多偉大的故事會介紹給你「可以和你產生關係的英雄」。英雄通常是個討喜的人，具有某個劇烈的渴望或是其目標在某些方面受到威脅。隨著故事展開、英雄會遇上考驗並且獲得勝利，然後你會為他歡呼，直到故事解決，而英雄也因此改變。就像作家羅伯特．麥基的解釋，「某件事必須要在危急關頭，才能說服觀眾。如果英雄沒有成就他的目標，就會失去很多東西。」所以，如果沒有任何危險的處境，那就不有趣了。

你的溝通也會遵照類似的模式。你會有一個需要達成的目標，但是路上會有考驗和阻礙。然而，當你的渴望實現的時候，結局將會產生非凡的結果。

大部分簡報之所以很乏味，其中一個原因就是因為沒有可以認明的故事模式。在接下來的幾頁中，你會回顧好萊塢經常使用、對一部好劇本來說非常重要的故事典範。這些格式真的很有效！它們不是公式或是死板的規則，它們處理的是結構和人物的轉變，但是也留下彈性和創意的空間。等你回顧完好萊塢的故事格式之後，我會向你介紹簡報格式。它是一種類似的格式，但是它特別針對簡報做過調整。運用這些方法將會幫助你精巧地設計訊息，並且開啟你的簡報中故事的潛力。

故事模式

描述故事結構最簡單的方式就是導入情境、錯綜複雜，以及解決難題。從在晚餐桌上分享的虛構冒險到回憶，一切故事都會遵照這個模式。

有關聯又討喜的英雄	遇見障礙	浮現轉變
電影《白雪公主》 **導入情境**：白雪公主躲到森林裡和七個小矮人在一起，躲避她的後母（壞心的皇后）。	**錯綜複雜**：白雪公主比她的後母還漂亮，所以皇后假扮成賣蘋果的老婆婆，用一顆蘋果毒死了白雪公主。	**解決難題**：王子愛上了白雪公主，利用「愛的初吻」把她從詛咒中喚醒。
電影《外星人》（*E.T.*） **導入情境**：有一群外星來的植物學家造訪地球，匆促起飛之後，其中一個外星人被遺落在地球上，而他想要回家。	**錯綜複雜**：十歲大的艾略特和外星人成為了朋友，一群特遣部隊要追捕外星人，他和艾略特都很厭煩。	**解決難題**：外星人和艾略特建造出一種溝通裝置，騎上腳踏車逃跑。外星人得到解救，他告訴艾略特他會永遠留在他心裡。
電影《阿凡達》（*Avatar*） **導入情境**：傑克．薩利是個半身癱瘓的前海軍陸戰隊隊員，他被選上加入「阿凡達」計畫，讓他能夠透過代理的納美人身體行走在潘朵拉星球的陸地上。	**錯綜複雜**：在潘朵拉星球上，傑克愛上了一位納美女孩奈蒂莉。隨著人類侵入森林尋找礦脈，傑克被迫要在一場世紀之戰中選邊站。	**解決難題**：在傑克的帶領之下，納美人擊敗了人類。傑克永遠變成了納美人，和奈蒂莉一起生活在潘朵拉星球上。

「故事模版」創造結構

編劇會利用工具創造強而有力的故事結構。西德．菲爾德（Syd Field）是公認的好萊塢故事模版之父。在他的著作《實用電影編劇技巧》（Screenplay）中，菲爾德利用最先由亞里斯多德提出的「三幕劇結構」（three-act structure），創造出**西德·菲爾德應用範例**（Syd Field Paradigm），請看右邊那一頁。菲爾德注意到在成功的電影裡，第二幕的長度往往會是第一幕和第三幕的兩倍：

- **第一幕**鋪陳故事架構，介紹人物、創造關係、以及建立英雄還未實現的渴望，把情節控制在適當的位置。
- **第二幕**呈現利用衝突結合在一起的戲劇性行動。主角會遭遇障礙，使得他或她無法達成渴望（戲劇上的需求）。
- **第三幕**將故事作結。結局並不代表結束，而是解決方案。主角最後會成功還是失敗呢？

所有故事都會有開端、中段以及結尾。故事中會有明確的位置，讓開端轉變成中段，中段轉變成結尾。身為領導的編劇大師，菲爾德把這些位置稱為**轉折點**（plot points）。轉折點可以被定義為任何可以把故事轉向另一個方向的事件、插曲、或是活動。每個轉折點都會鋪陳故事的改變。

偉大的簡報會在幾個方面和劇本類似：

- 會有開端、中段以及結尾。
- 會有可以認明、固有的結構。
- 第一個轉折點會是一個抓住觀眾好奇心和興趣的事件，在簡報當中，我們把它稱為**轉捩點（turning point）**。
- 開端和結尾的長度會比中段短得多。

這是一種格式，不是公式。如果你可以用X光檢查劇本的結構，它看起來就會是這樣。右邊那一頁會展現電影《刺激1995》（Shawshank Redemption）的結構，並且對它的分幕和轉折點做註解。

作為針對電影編劇的模版，菲爾德的範例很有道理，然而，它只能部分應用在簡報上。接下來，我們會仔細觀察一種附加的故事格式，以便提供一些遺漏的部份。

西德．菲爾德應用範例

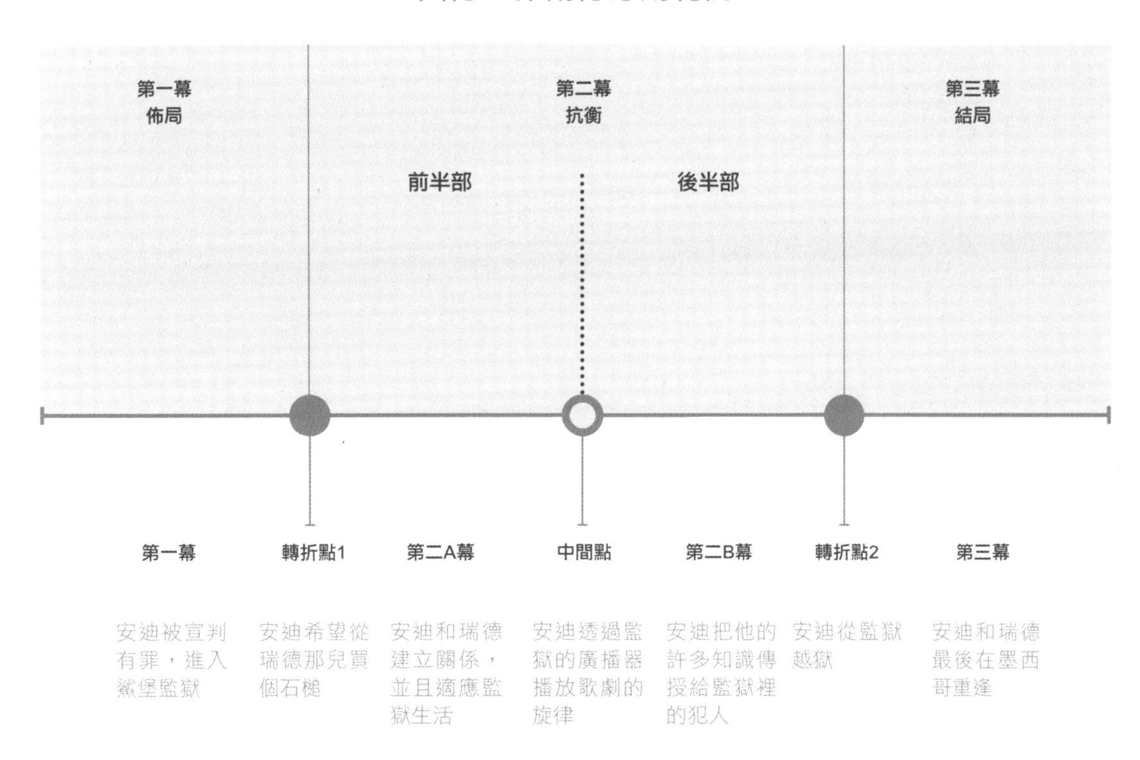

*《刺激1995》劇情

一位年輕的銀行家安迪被指控殺死其妻子與其情夫，被判決進入鯊堡監獄。在監獄中，安迪遇見另一位被判刑的囚犯瑞德並和他建立關係，之後安迪又成為典獄長的夥伴和信任的朋友。當他想要再審的嘗試失敗之後，他就從鯊堡監獄逃走。最後，安迪成功抵達墨西哥並和瑞德在那裡重逢。

漂亮的結構：英雄的旅程

另一個要考慮的故事模範就是英雄的旅程，取自卡爾．榮格（Carl Jung）的心理分析和喬瑟夫．坎伯（Joseph Campbell）的神話研究。

右邊那一頁的轉盤是對英雄旅程的概覽，《作家之路》（*The Writer's Journey*）的作者克理斯多夫．佛格勒（Christopher Vogler）已經對它做過輕微的簡化。他曾經在好萊塢擔任過好幾年劇本分析師，並且利用這個轉盤當做他分析的格式。從轉盤頂端順時針方向移動進行每個步驟。最內圈的灰色文字會帶你走過英雄旅程的階段：(1)英雄會被引進平凡的世界，在那裡，(2)他們會受到冒險的號召。(3)他們一開始很不情願，或許還會拒絕號召，但是(4)受到啟蒙導師的鼓勵，(5)會跨越第一個門檻，進入特別的世界，在那裡，(6)他們會遭遇考驗、夥伴、還有敵人。(7)他們會接近最深入的洞穴，在那裡，(8)他們會忍受嚴酷的考驗。(9)他們會獲得報酬，然後(10)繼續踏上回到平凡世界的路。(11)他們會經歷重生並且因為這次經驗而轉變。(12)他們會帶著仙丹，就是一種恩惠或是寶藏，返回平凡世界，並為平凡的世界帶來很大的好處。

在每個階段中，英雄會承受身體上的行動（外在的旅程），但也會經歷他們內心和腦袋的內在轉變。這個內在的旅程會用第二圈的綠色文字表示。接下來，最外圈會舉《星際大戰四部曲》當例子，用灰色文字展現外在的旅程，用綠色文字展現內在的旅程。

在每圈中表示英雄的旅程時，重要的見解就會浮現：它會在平凡的世界和特別的世界之間創造出清楚的區別（用灰色的點線表示）。**每個故事中都會有某個時刻，人物會克服對改變的不情願、離開平凡的世界、跨越門檻進入特別世界的冒險。**在這個特別的世界中，英雄會獲得技巧和見解，接著當故事解決之後，會把這些技巧和見解帶回到平凡的世界。

好的簡報會是一次令人滿足、完整的經驗。你或許會哭、會笑、或者又哭又笑，但是你也會覺得你學到自己身上的某些東西。

簡報會在幾個方面利用虛構故事和電影中的作法：

- 會有一個討人喜歡、但是有缺陷的英雄來聽你的簡報。
- 簡報應該要讓觀眾踏上旅程，從他們平凡的世界進入「你特別的世界，並在你特別的世界裡獲得新的見解和技巧」。
- 觀眾會做出有意識的決定，跨越門檻進入你的世界，他們沒有受到強迫。
- 觀眾會抗拒採納你的觀點，還會指出阻礙和障礙。
- 在他們改變外在之前，觀眾必須先改變內在。換句話說，在他們改變自己的行為方式之前，他們必須先改變自己內在的感受。

跨越門檻是個重要的時刻，因為這表示英雄會做出承諾。讓我們更進一步探討這個轉捩點。

英雄的旅程

灰色文字 = 內在的旅程
綠色文字 = 外在的旅程（人物的轉變）

有此一說：喬治．盧卡斯（George Lucas）看到喬瑟夫．坎伯的作品時，他修改過《星際大戰四部曲》的劇本，讓它更接近這個典範。

請他們跨過門檻！

如果觀眾是你故事中的英雄，那麼在你簡報當中的目標就是要讓他們跨過轉盤中的第四個步驟。你的簡報會把他們帶到門檻前，但是「要不要跨過去」是他們的選擇。

你的簡報會提出想法，之後你會要求觀眾採納、並且引領這個想法產生正面的結果。你的想法或許會重新塑造某個組織的未來，或是讓顧客知道你的產品可以如何滿足他們的需求。你的想法甚至可能會讓學生考試考得好，並且內化學習的主題。不論是什麼，觀眾要做的決定正需要他們有意識地踏進某件新事務。

如果你的英雄沒有經過一番掙扎，你要求的改變就不會到來。而且你也需要承認這一點。改變很難，「讓人們承諾做出改變」或許是一個組織最大的挑戰。注意英雄和啟蒙導師初次見面的情景，那正好是他需要決定要不要跨越門檻，並且進入特別世界的時候。身為他們的啟蒙導師，你的見解會幫助觀眾做出改變的決定。但是你不能強迫他們，如果你的簡報做得很好，他們就會自願跨越門檻並跳進來。

如果觀眾已經決定要跨越門檻並且採納你的觀點，等他們離開你的簡報之後，他們就會開始其餘的英雄旅程（第5個步驟到到第12個步驟）。身為他們的啟蒙導師，你的簡報應該要盡可能為他們做好準備，好讓他們面對其餘的旅程中可以預期的東西，奠定他們在一路上成功的基礎。一般來說，電影中英雄旅程的階段會用連續、依時間排列的順序發生。但是在設計簡報的時候，你不一定得受到地點和時間約束。在你表達見解，說明第五個步驟到到第十二個步驟要怎麼達成的時候，簡報這種媒體允許你可以跳來跳去脫離順序。

我們要記得，好的故事有一個無可反駁的特質：**其中一定要有某種衝突或是不平衡，可以讓觀眾察覺到你的簡報解決了這個衝突或不平衡。**這種不一致的感覺就是說服他們夠關心並且跳進來的原因。在簡報當中，你會利用有意地並列現實狀況和可能狀況創造出不平衡。

當他們走進房間裡的時候，清楚地對照觀眾是什麼樣的人（在他們平凡的世界裡），還有當他們離開房間後可能會變成什麼樣的人（跨越門檻進入特別的世界）。讓現實狀況對比可能的狀況。把注意力拉到「差距」上面，會迫使觀眾面對不平衡，直到新的平衡達成。

觀眾的旅程

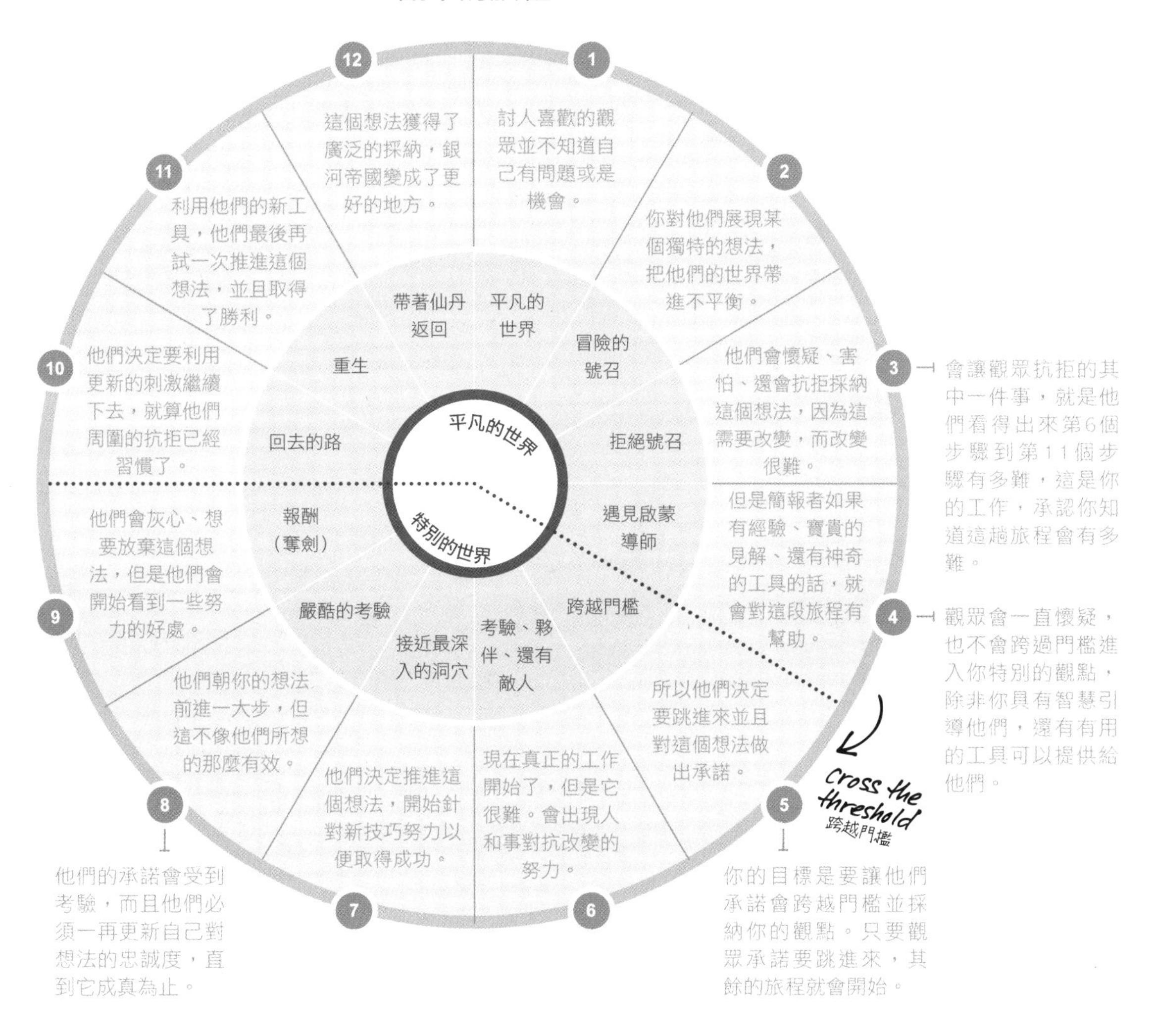

灰色文字 = 英雄的旅程
藍色文字 = 觀眾的旅程

溝通的輪廓——簡報格式

當我們透過神話、文學、還有電影的結構取出洞見，簡報格式就會浮現。而大多數偉大的簡報都會不自覺地遵照這個格式。

簡報應該要有清楚的開端、中段、以及結尾。簡報結構中有兩個清楚的轉捩點會引導觀眾走過內容，並且特別區別開端和中段、中段和結尾。第一個轉捩點就是「冒險的號召」，這個轉捩點應該要對觀眾展現現實狀況和可能狀況之間的差距，讓觀眾變得慌張而無法安心。只要有效地建構出不平衡，觀眾就會希望你的簡報可以解決這個不平衡。第二個轉捩點是「行動的號召」，這會確認觀眾需要做什麼，或是他們需要怎麼改變。這第二個轉捩點意味著你逐漸進入簡報的結論了。

注意中段會怎麼上下移動，就好像有某件新事物不斷在發生。這種來回的結構性移動會推拉觀眾，讓他們感覺好像事件不斷地在展開。在你頻繁地開啟想法和觀點的同時，觀眾會保持專注。

每個簡報的結論都會是生動地描述：當你的觀眾採納你提出的想法時，會創造出什麼嶄新的幸福。但是注意，簡報的格式不會停在簡報的結尾。簡報的用意是要説服觀眾，所以一旦觀眾離開簡報之後，他們還會有接下來的行動（或是跨越門檻）要做。

接下來幾頁讓我們更詳細地探討這個格式。

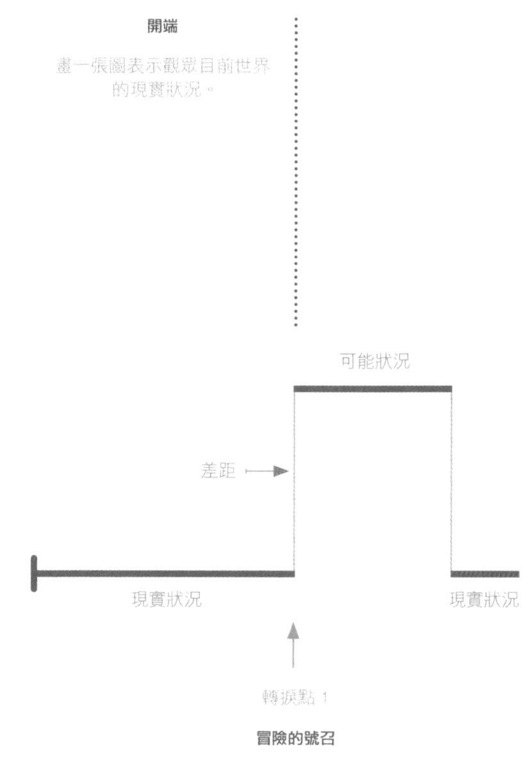

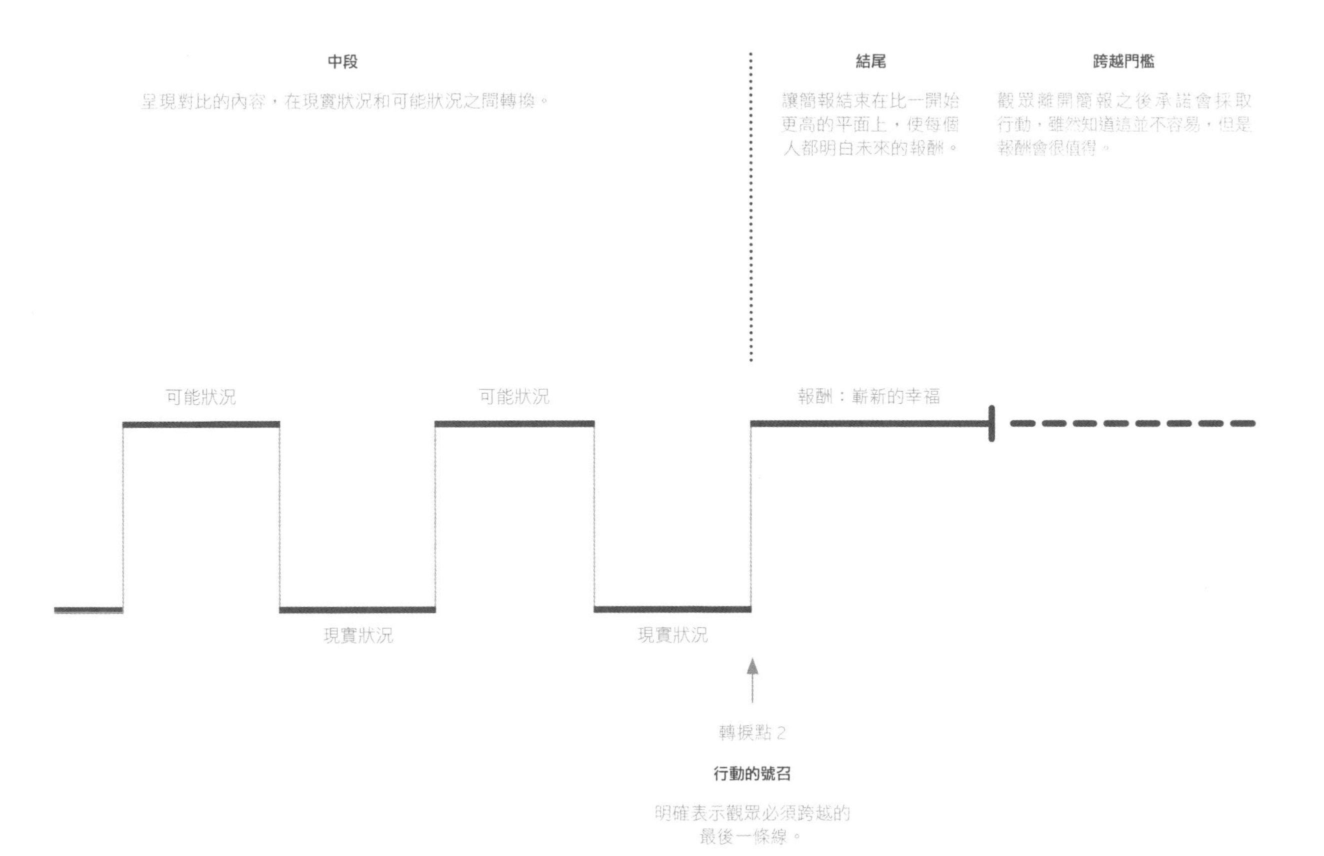
中段
呈現對比的內容，在現實狀況和可能狀況之間轉換。
結尾
讓簡報結束在比一開始更高的平面上，使每個人都明白未來的報酬。
跨越門檻
觀眾離開簡報之後承諾會採取行動，雖然知道這並不容易，但是報酬會很值得。
可能狀況
可能狀況
報酬：嶄新的幸福
現實狀況
現實狀況
轉捩點 2
行動的號召
明確表示觀眾必須跨越的最後一條線。

簡報開端和冒險的號召

當英雄冒險前進，離開日常的世界、進入超自然驚奇的區域，英雄的旅程就會開始。你的簡報或許不會提供「超自然的驚奇」，但是你會要求觀眾離開他們的舒適區，冒險進入一個新的地方，更加靠近你認為他們應該前往的地方。

簡報格式的開端就是在第一個轉捩點（也就是冒險的號召）之前。接下來的簡報格式圖中，第一條平線就表示你簡報的開端。這就是你要描述觀眾所在的平凡世界，並且設立現實狀況基礎的地方。你可以利用有關過去狀況的歷史信息，或是現實狀況目前的狀態來陳述，這裡往往會包括你目前面對的問題。

你應該要對每個人都同意的真相傳達簡明的構想。正確地掌握目前的現實狀況還有觀眾的情緒，可以表示你對他們的狀況具有經驗和見解，而且你明白他們的觀點、背景、還有價值觀。

如果這階段有效完成，這個對你的觀眾目前所在之處的描述，就會在你和他們之間創造出共同點，而且會讓他們敞開心胸更樂意去聽你的獨特觀點。當觀眾的貢獻、智慧，還有經驗得到認可的時候，他們會很高興。

另外，也要描述現有的世界會給你機會，創造出一個現實狀況和可能狀況之間戲劇性的分身。提出可能狀況應該要讓觀眾目前的現實狀況失去平衡。反過來說，如果沒有先確立現實狀況，你的新想法的戲劇效果就會喪失。

簡報的開端並不需要很長。它或許會像簡短的聲明或句子一樣短，用來設定現實狀況的基礎。雖然它可以變長，它卻不應該佔用你全部時間的百分之十以上。觀眾會很渴望知道他們為何而來、還有你要提出什麼主題。所以，儘管開端很重要。它卻不應該持續太久。

接下來，簡報中的第一個轉捩點是冒險的號召，這會引發內容重大的轉換。冒險的號召會要求觀眾跳進一個他們不了解、需要他們注意和行動的狀況中。這個時刻也會讓整個簡報開始更動態。

「壞的開端就會產生壞的結尾。」

悲劇作家歐里庇得斯（Euripides）

想創造冒險的號召，就得提出「傳達可能狀況、讓人難忘的好主意」。這時候觀眾才會第一次了解現實狀況和可能狀況之間明顯的對比，重要的是差距必須要很清楚。

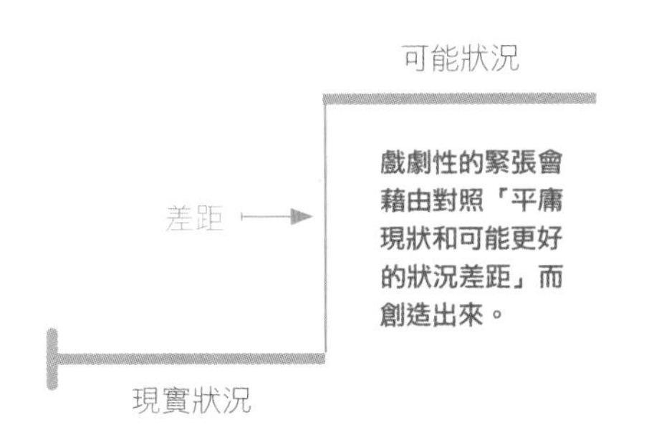

冒險的號召在簡報中扮演的角色很類似電影中的「引發事件」(inciting incident)。《故事》(Story) 這本書的作者羅伯特．麥基說過，「引發事件首先讓主角的生活失去平衡，接著激起他內心想要恢復平衡的渴望。」這樣的不平衡就可以誘出觀眾的渴望，想要一個和目前不同的現實狀況。拿出你的觀眾會希望簡報處理的有趣見解，這個見解應該要足以激勵他們（正面或是負面），這樣當你說明什麼很要緊還有解決差距需要付出什麼代價的時候，他們才會想要專心地聆聽。

這個轉捩點應該要很明確，不能讓人困惑或是模糊。其餘的簡報應該要有關填補這個差距，吸引觀眾注意你對於可能狀況獨特的觀點。

「人是唯一會又哭又笑的動物，因為他是唯一會被現實狀況和應有的狀況之間的差異困住的動物。」

英國名作家威廉．哈茲列特（William Hazlitti）

下面的例子是發表產品的冒險號召

現實狀況：分析師一直把我們的產品放在五個分類中的三個分類第一名的位置。我們的競爭者剛剛用他們發表的T3xR震驚了這個產業。它已經被預告為過去十年我們宇宙中最創新的產品。外界預測像我們這樣的企業不會有未來，除非我們也向我們競爭公司註冊使用T3xR。

可能狀況：但是我們不會退讓的！事實上，今天我們會保持我們的領先！我很高興地告訴你們，五年前我們就有過跟T3xR一樣的產品構想。但是經過迅速的原型試驗後，我們發現了一個方法可以躍過那個科技的時代。所以今天，我們要發表一種非常革命性的產品，可以讓我們領先我們的競爭者十年。各位先生女士，向你們介紹我們最新上市的e-Widget，它是不是很美？

簡報的中段：對比

簡報的中段是由不同類型的對比組成的。人們會自然地受到對比吸引，因為生活中到處都圍繞著對比。白天和黑夜、男性和女性、向上和向下、善與惡、愛與恨。

身為溝通者，你的工作是要透過對比創造並且解決緊張的局面。

在簡報中建立極富對比的元素，可以保持觀眾的注意力。觀眾喜歡經歷兩難的狀況還有解決兩難的方法，就算這個兩難的狀況是由一種和他們自己對抗的觀點所創造的。這仍會讓他們一直感興趣。

觀眾會想知道你的觀點和他們的觀點相似或者不同。一邊聽著簡報者講話的同時，觀眾會一邊登記並且分類他們聽到的東西。帶著他們自己的知識、還有偏見走進房間，他們會不斷評估你說的話是否適合他們的生活經驗，或是落在他們知道的事情之外。

了解你的觀眾很重要，這樣你才可以明白你的觀點和他們的觀點如何既相似又不同。其中通常會有一些差距。有一個相當明顯的商業範例，就是「你希望他們購買你的產品，他們卻不想花這筆錢」。

但是差異並不是問題。相似和相異的概念之間的兩極會創造出一種可以善加利用的力量。事實上，這兩個極端在簡報中都很必要。它們允許你創造你和你的觀眾的觀點之間可以觀察到的區別，這有助於保持他們的注意力。雖然人們一般會對他們熟悉的事物感到比較自在，表達相反的事物卻會創造出內在的緊張。**對立的內容有刺激的作用，熟悉的內容則有安慰的作用。加在一起，這兩種類型的內容就會產生向前的動作。**

你可以在簡報中建立三種截然不然的對比：

- **內容：**內容的對比會來回移動，比較現實狀況和可能狀況，還有你的觀點對比觀眾的觀點（118頁到119頁）。
- **情緒：**情緒的對比會在分析和情緒的內容之間來回移動（150頁到151頁）。
- **表達：**表達的對比會在傳統和不符合傳統的表達方法之間來回移動（152頁到153頁）。

對比是貫穿這本書的主題，而且是溝通的核心，因為人們會受到引人注目的事物吸引。

「就像磁場兩極的特性可以被用來產生電力，故事中的兩極似乎也是一種引擎，可以產生人物的緊張和動作，並且激發觀眾的情緒。」

克理斯多夫．佛格勒（Chris Vogler）

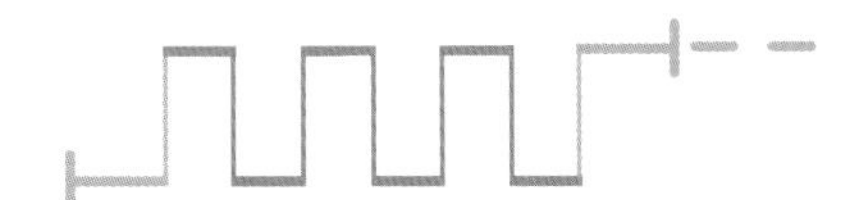

行動的號召

第二個轉捩點，也就是行動的號召，它會明確界定你要求觀眾做什麼。成功的說服會導致行動，而清楚說明你究竟希望觀眾怎麼採取行動很重要。簡報中的這個步驟會派給觀眾離散的任務，有助於實現你在你的簡報中傳達的想法。一旦越過這條線，觀眾就必須決定他們要不要跟隨你，所以請記得「清楚表達需要人們完成什麼」。

無論簡報的性質是政治、企業、或是學術用途，觀眾都會由四種不同能力類型的人組成：實作的人、供應的人、有影響力的人，還有創新的人。

因為不同的性情，每一個觀眾都會自然地偏愛某種類型勝過另一種類型。提供每種類型的觀眾至少一種適合他們性情的行動，會讓他們可以選擇他們表現得最自在的行動。當觀眾了解他們可以怎麼幫助，就會導致動力和更迅速的結果。大多數人都具備能力，可以有效進行至少這四種類型的行動其中之一。一個對你的想法真正有熱情的革命者，就能夠具體表現所有四種行動。

以下是可以對觀眾要求的號召行動可能管道：

- 可以要求實作的人集合、決定、收集、回應或是嘗試。
- 可以要求供應的人取得、提供資金、提供資源或是提供支持。
- 可以要求有影響力的人推動、採納、授權或是推廣。
- 可以要求創新的人創造、探索、發明或是開拓。

總之，一定要找出操作簡單、直接、而且容易執行的行動。觀眾應該要能夠在精神上讓他們的行動和對他們自己的正面結果，或是為了更大的利益產生聯繫。提出所有必要的行動，並且確保你有強調成功需要的最關鍵的任務。

許多簡報會用行動的號召作結束，然而，用一張「針對觀眾的待辦事項」結束簡報並不會鼓舞人心。所以在行動的號召之後，加上一張生動的圖片說明潛在的報酬會非常重要。

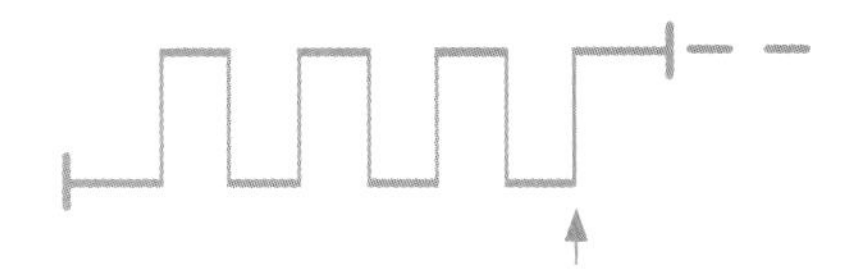

他們是什麼樣的人	**實作的人**	**供應的人**	**有影響力的人**	**創新的人**
他們可以為你做什麼	鼓勵活動	得到資源	改變感覺	產生想法
他們的做法	這些觀眾就像你的工蜂。一旦他們知道必須做什麼，他們就會去做實際的任務。他們會招募並激勵其他實作的人，完成重要的活動。	這些觀眾是擁有資源的人：財務資源、人力資源、或是物質資源。他們擁有方法可以提供給你讓你前進必需的資源。	這些觀眾可以支配個人和團體，不論大或小，動員他們採納並且傳揚你的想法。	這些觀眾會跳脫框架思考，想出新方法修改並散播你的想法。他們會創造對策、觀點、還有產品。他們會讓自己的腦袋派上用場。

簡報結尾：世界會因為你們不一樣！

請注意，在簡報格式中，「結尾」會結束在比一開始更高的平面上。結尾應該要讓觀眾對可能狀況留下加強的感覺，並且願意改變，能夠明白某些新事物，或是對某件事有不同的作法。觀眾的轉變是簡報者說服人的目標，而有技巧地詳細說明未來的報酬，會驅使觀眾加入你的想法。

結尾應該要重複最重要的重點，並且傳送鼓舞人心的言論，圍繞著當你的想法獲得採納的時候，「世界看起來會是什麼樣子」。

有個更迫切的事情是：比起在開端或中段提出的重點，觀眾會更鮮明地記得他們在簡報最後聽到的內容。所以你應該創造一種結尾，描述一個鼓舞人心又幸福的世界，一個採納你的想法的世界，在那裡，觀眾的生活看起來會是什麼樣子？人類看起來會是什麼樣子？這個星球看起來會是什麼樣子？

為了要讓結尾對觀眾發揮最大的功效，就得利用驚奇和敬畏描述未來可能的結果。讓觀眾明白這種報酬將會值得他們去努力。簡報的結尾應該要主張，你的想法不僅是可能的，而且還是正確的（更好的）選擇。

「讓觀眾歡呼、起立、發出聲音回應戲劇性、鼓舞的結論，會創造正面的情緒感染力，製造強烈的情緒轉移，並且支持企業領導人提出的行動號召。偉大敘述的結尾就是觀眾會記住的第一件事。」

彼得．古柏（Peter Guber）

比如說，你完成了一場驚人的簡報。你利用簡報格式的原則優雅又流暢地傳達你的想法，而觀眾也做出承諾要轉變。聽起來像是巨大的勝利，但是還沒結束。你的簡報結尾將會指明觀眾冒險的下一個階段。

人類接受新見解的能力會創造空間讓人們變成不同的人。就像簡報格式的最後一條虛線指出的，觀眾會開始變成和他們在簡報開始時不同的人。

但是當你傳送完你的簡報之後，還是不能決定你的想法會不會被採納。決定的人是觀眾。偉大的簡報結束之後，觀眾會充滿支持地離開，糟糕的簡報則不會。結果可能會以喜劇或是悲劇收場。如果他們不採納你的想法，就會以悲劇收場，你曾經讓人稱讚的的英雄會犯下個人的錯誤，不響應你的行動號召前進。或者如果他們實現了你的行動號召，它就會以喜劇解決，這未必代表會很「有趣」，它代表的是「應該成功的英雄」運氣將會轉好。

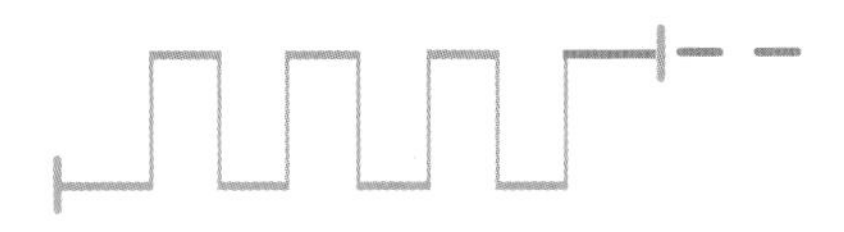

「我們所謂的起點往往是終點。結束也是另一個開始。終點就是我們重新開始的地方。」

艾略特（T. S. Eliot）

什麼是波形圖？

從這本書的開頭到結尾，我會使用一種圖形簡報格式來分析簡報，那就是波形圖（sparkline）。這會幫助你透過在視覺看見簡報的輪廓，明白其中的對比。其間的線條會在現實狀況和可能狀況之間上下移動，但是也會改變顏色來表示情緒和表達的對比。每場簡報都有自己獨特的模式，不會有兩張一模一樣的波形圖，因為不會有兩場一模一樣的簡報。

利用簡報格式之類的工具達成偉大的結果並不新奇。電影和虛構故事都有格式，而且它們會產生美麗又獨特的結果。同樣地，遵照簡報格式的簡報會都會很獨特。簡報格式不是公式，因為它具有極大的彈性。僵硬地死守簡報格式可能會讓你的簡報太過可以預測。所以接受簡報的多變性質一樣很重要。

下面是對於如何閱讀這本書中的波形圖的註解。接下來幾頁的個案研究將會展現簡報格式的第一個用途，就是應用在波形圖上。這本書中分析過的所有簡報影片都可以在網路上找到，並附上對文稿的額外註解。www

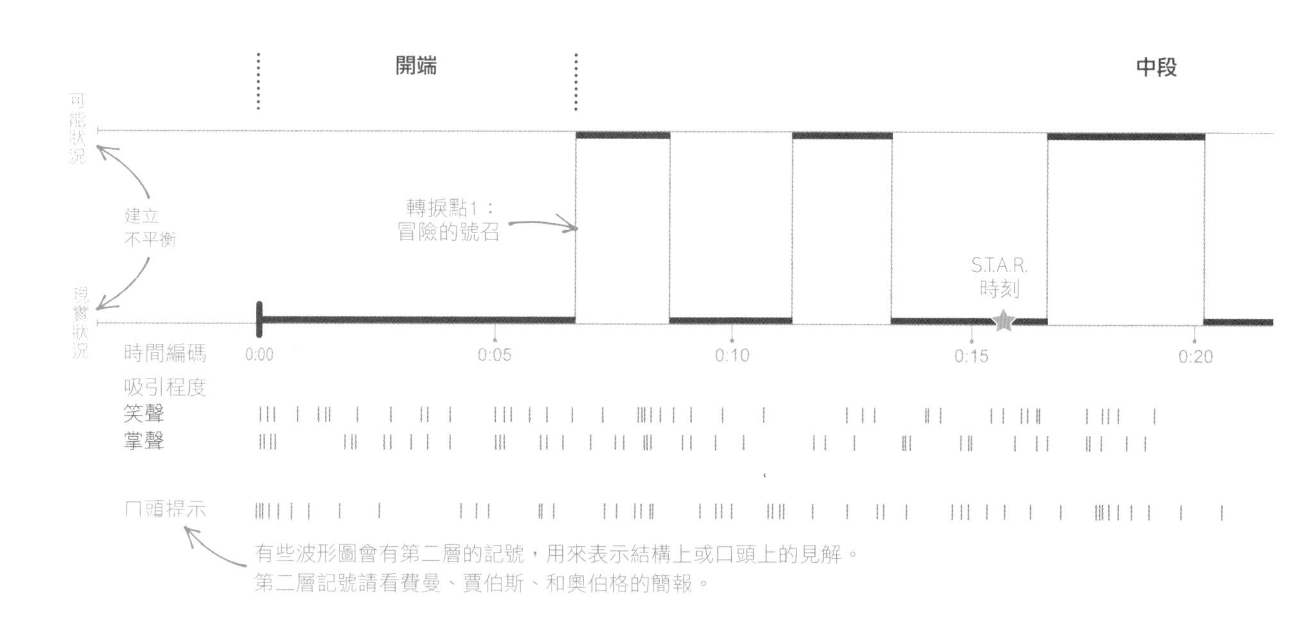

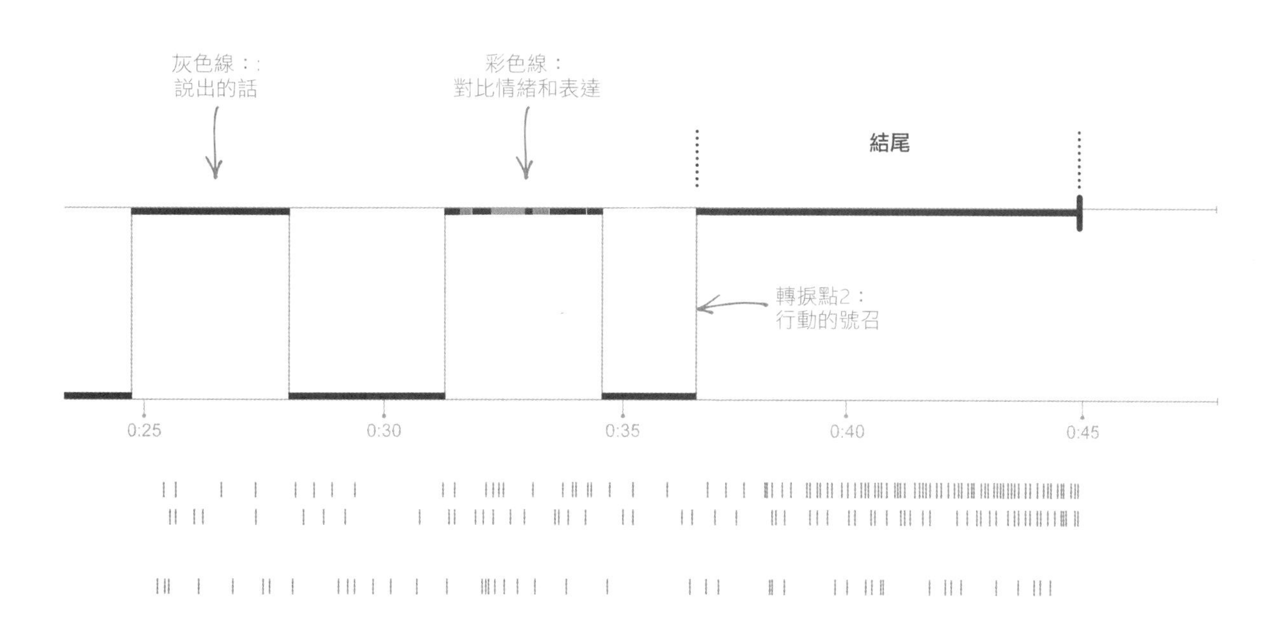
灰色線：:
說出的話
彩色線：
對比情緒和表達
結尾
轉捩點2：
行動的號召
0:25
0:30
0:35
0:40
0:45

個案研究：班傑明．山德爾
TED演說：愛死古典音樂了！

班傑明．山德爾（Benjamin Zander）對於古典音樂擁有一種具有感染力的熱情。身為「波士頓愛樂管弦樂團」指揮和一個高度啟發人心的演講者，他一心一意想要說服每個人愛上古典音樂。他那場2008年在TED（著名網路知識分享論壇）的演說中，全場觀眾顯然從頭到尾深受感動。

如果你還沒看過這場簡報，請你一定要看！上TED.com搜尋班傑明．山德爾，看看這位大師級溝通者的實際行動。www 簡報開始還不到一分鐘，觀眾就已經對它的內容有了反應。他們很快（而且）頻繁地大笑。**他靈活地利用幾個方法使觀眾全神貫注：**

- **結構上的對比**：透過建立清楚的差距，區分觀眾當中極為喜愛古典音樂的人，還有覺得古典音樂就像在機場裡不經意吸到的二手菸的人，山德爾優雅地在現實狀況和可能狀況之間切換。他下定決心絕不離開房間，直到每個人都愛上古典音樂為止。
- **表達上的對比**：他利用幾種方法對比他的表達方式。他在說話和彈鋼琴之間轉換、他利用邀請觀眾唱歌讓他們實際上參與、他有好幾次從舞台移動到觀眾席，甚至還觸摸觀眾的臉！他還利用很大的姿勢和誇張的臉部表情。
- **情緒上的對比**：山德爾說了好幾個故事，有些故事引起了笑聲，有些故事則引出了眼淚。雖然這些故事在有趣和感動之間轉換，每個故事都讓觀眾的心和題材緊緊相繫，而且感動他們（情緒上和行為上）愛上古典音樂。

就像所有偉大的啟蒙導師一樣，山德爾提供觀眾一個特別的工具：他教導他們如何聆聽音樂，他們學會了分辨顫動還有和弦的發展，他還用音樂理論訓練他們。觀眾當中有很多人不喜愛古典音樂，是因為他們無法聽出音樂中美麗的層次。山德爾為他們展開了這些層次。

當他引發並且和觀眾的情緒取得聯繫的時候，山德爾出色地利用音樂當做訊息。訓練他們的耳朵認出未完結的和弦創造出的渴望感覺之後，他接著直接進入觀眾的內心。當他要演奏蕭邦的曲子時，他要求觀眾回憶一位他們曾深愛，但是已經永遠不在他們身邊的人。這就是簡報中的S.T.A.R.時刻（162頁）。這也許是他們生平第一次，觀眾可以聽到音樂中的渴望，而且他們也深受感動。

山德爾展現了一場完美簡報格式中所有的元素，這場簡報的波形圖分析請從第64頁參考。

班傑明．山德爾（Benjamin Zander）
波士頓愛樂管弦樂團指揮

山德爾的「波形圖」

建立可能狀況

山德爾熱情地想讓觀眾知道如何愛上古典音樂。他說：

「我無法再忍受下去竟然有如此巨大的差距介於熱愛古典音樂的人，以及與古典音樂毫無關係的人之間……我絕不罷手，除非在這個房間的每個人……都能熱愛古典音樂並懂得古典音樂。」

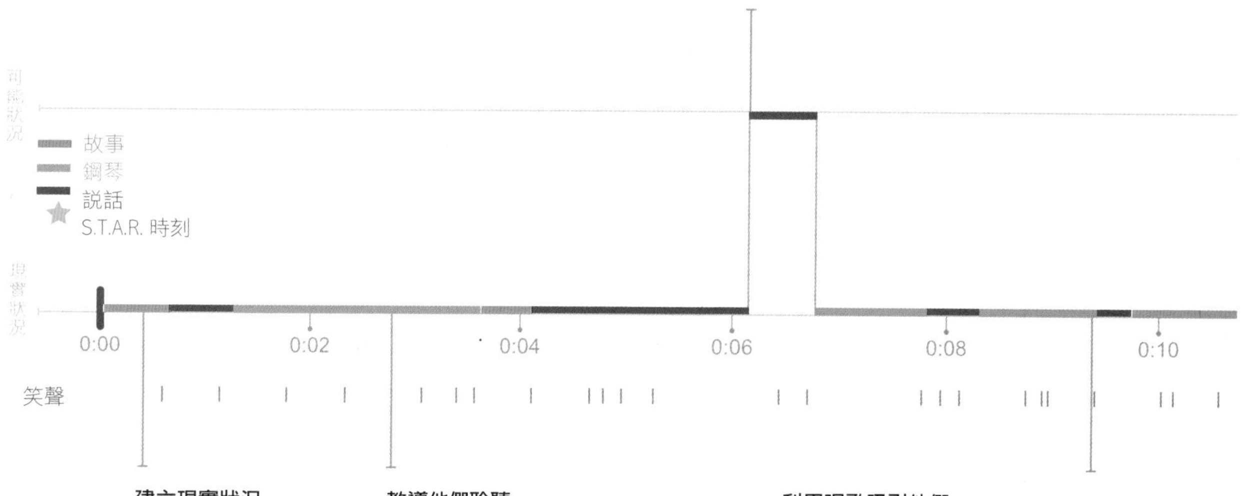

建立現實狀況

用故事吸引觀眾的注意力之後，山德爾說，

「有人認為古典音樂正在消逝。」

教導他們聆聽

山德爾教導觀眾如何聆聽音樂中的「顫動」，並且要求觀眾聆聽他演奏中的顫動。他教導他們音樂和表演的理論。

利用唱歌吸引他們

講解蕭邦的前奏曲時，他彈奏了一段音階的降調音符（B降到A、降到G、再降到升F），接著保留最後一個音符（E），邀請觀眾一起唱。他們一開始不願意，所以他重複了一次請求。觀眾唱出最後一個音符的時候，他評論說，「哇，TED合唱團！」，引起他們的笑聲。

情緒的對比

山德爾教導觀眾和弦如何像磁鐵一樣把音樂拖向主調。隨著音樂從主調移往其他和弦，音樂會感覺一直沒有完結。隨著音樂以漫長、未完結的和弦持續，它會創造出一種渴望的感覺，直到音樂最後回到主調。音樂會想完結並且回家。接著他說：

「請你回想一位你曾深愛，卻已永遠不在的人……你心愛的祖母，你的愛人，在你此生中真心喜愛的人，但這個人已永遠不在你身邊。把他帶入你的心中，同時一直跟著這條線從B到E，你會聽到蕭邦所要表達的。」

行動的號召

山德爾簡報的結尾是分享一段改變人生的體認，明白他的工作是去激發別人的潛能。

「你猜要怎麼發現[你成功了沒]？直視他們的眼睛。當你看到發亮的眼睛，你就可以知道你做到了。」

他要求觀眾問他們自己這個問題：

「當我們回到現實時，會扮演怎樣的角色？不是關於財富、名聲以及權力。而是在我的周圍有多少隻發亮的眼睛。」

這次當他演奏這首曲子的時候，渴望和期望的美麗就會建立在音樂當中，表現在觀眾的心裡。他們可以感覺自己融入音樂。當他們可以在情緒上了解古典音樂，觀眾當中的人就會愛上古典音樂。

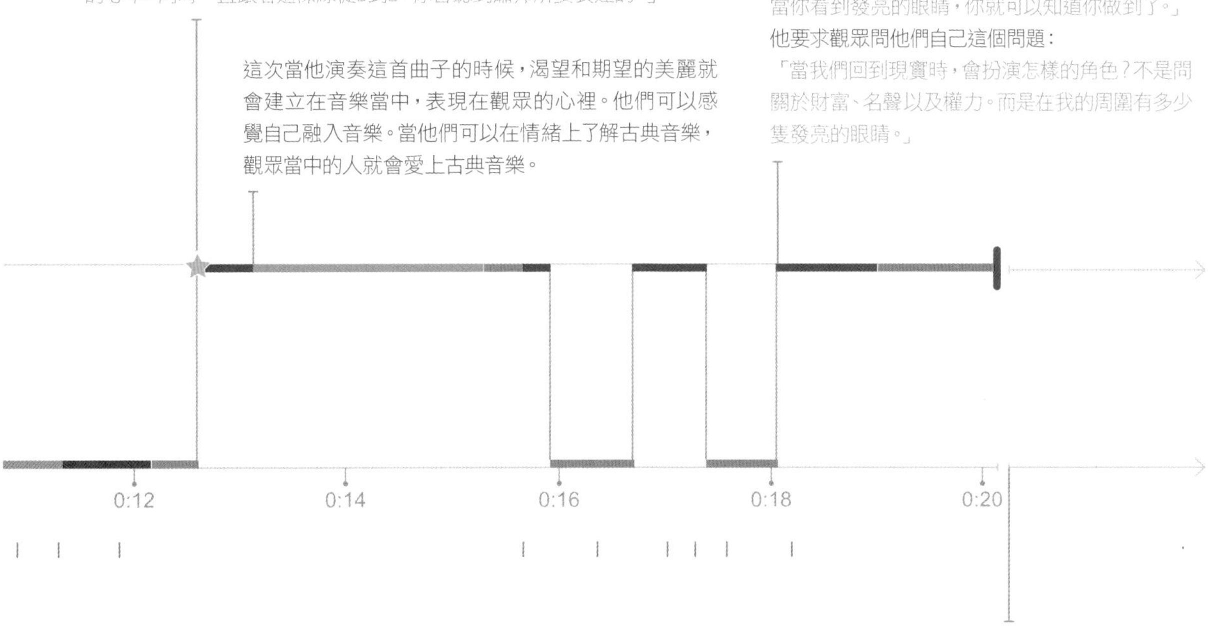

利用唱歌吸引他們

雖然沒有在影片中播出，但是山德爾有回來進行安可表演，在表演中他帶領「TED合唱團」，跟著活潑的演奏合唱德文版的貝多芬《快樂頌》。

為了轉移文化上的知識和價值觀，「故事」已經傳頌了幾千年。有人講述偉大故事的時候，我們會往前傾，而且我們的心跳會隨著故事展開而加速。同樣的力量也能用來當做簡報的手段嗎？當然可以！

故事這種不受時間影響的結構可能會包含說服、取悅、還有通知的訊息。故事可以當作完美的裝置，幫助觀眾回想起主旨並且受到感動採取行動。一旦簡報被放進故事格式裡，它就會產生結構、創造出觀眾會想看到得到解決的不平衡，並且指出一個觀眾可以填滿的清楚差距。

[視覺溝通的法則 2]

把故事安裝在簡報裡，會讓結果大幅改觀。

第 3 章

設定簡報裡的英雄

怎麼和人們產生共鳴？

那種高中演講老師要你想像「觀眾穿著內衣」的導引方式，現在已經正式過時了。正好相反，你需要想像他們都穿著五顏六色的絲襪和長袍，還戴著超級英雄的徽章，因為這些就是必須要讓你的大創意實現的英雄。

重要的是，要知道什麼事物會對你的觀眾起作用，才能和他們取得聯繫。所以，你要如何逐步認識他們，並且真正明白他們的生活是什麼樣子？什麼原因會讓他們笑？什麼原因會讓他們哭？什麼原因會讓他們團結起來？什麼因素會激勵他們？什麼因素會讓他們在生活中應該獲勝？想出這些問題的答案很重要，因為根據AT&T公司前任簡報研究經理肯．哈默（Ken Haemer）表示，**「設計一場簡報卻沒有在心裡想著觀眾，就像是寫一封情書，開頭的稱呼卻是『敬啟者』。」**透過腦力激盪想出英雄和啟蒙導師原型的特質，這個部分會幫助你對你的觀眾創造同理心。

雖然你的英雄可能會在一個房間裡擠成一團，你卻不應該把他們視為一個單一的整體。**準備簡報時，不要把觀眾當做當做統一的一群，而是要把他們想像成一群排隊等著和你面對面交談的人。**你想要讓每個人感覺你和他（或她）有個私底下的交流，這會幫助你用一種「像交談」的語氣說話，也會讓他們保持感興趣的狀態。人們不會在交談當中睡著（除非你們的對話也很無聊—如果是這樣的話，你需要的幫助恐怕已超出本書可以提供的範圍）。

觀眾，是一群臨時組合的個人，長達大約一兩個小時的時間內，他們會有一個共同點：你的簡報。他們都在同樣的時間聽同樣的訊息，但是他們都會用不同的方式過濾這場簡報，收集他們自己的見解、強調的重點以及意義。如果你找到可以用來傳達的共同點，他們的過濾器就會更樂意接受你的觀點。

有個選項是，你可能會想針對觀眾當中的特定人士創造一則目標明確的訊息，這樣你的簡報呈現方式，就會像是和最優先的個人之間私下的對話。就算只有一個人明白這則訊息，只要他是對的人，那就值得了！

你需要去逐步了解這些人。你是他們的啟蒙導師。他們每個人都有獨特的技巧、弱點、甚至一兩個剋星。在你創造你的簡報內容的同時，觀眾必須是你的焦點。事實上，他們真的很重要，所以這本書接下來的兩個部分將會圍繞著觀眾這個主題。所以不要再想你自己了，開始想想怎麼和他們取得聯繫吧。

區隔觀衆

有一個方法可以逐步了解你的觀眾，就是透過一個稱為「區隔」的過程。只要把一大群觀眾區隔成比較小的部分，你就可以針對會帶來最多額外支持者的部分努力。同時，判定出哪個團體最可能採納你的觀點，對這個團體你必須可以用最小的努力產生最大的影響。同時想「吸引更廣的觀眾」，又想深刻聯繫「能幫助你扮演關鍵角色的次要觀眾」很難，但是值得你努力。

最常用的區隔方法就是利用人口統計數據。大多數會議策劃人都只能針對觀眾提供有限的資料：他們在哪裡工作、他們的職稱、他們的地理位置，還有他們的公司。你可以利用這些資料做出假設，但是僅限於此，就只是假設。

當我要對一家全國性的啤酒製造商高層主管做簡報時，我必須花時間思考要怎麼和他們取得聯繫，因為只根據人口統計數據，我們在這個領域並沒有太多的共同點。我是個只喝水果雞尾酒的中年女性，因為我猜想啤酒的味道喝起來或許會像有泡沫的尿。這差距還真是大。

但從活動策劃人那邊，我並沒有得到足夠的情報，可以讓我真正明白什麼事情對這些觀眾來說是重要的。

	啤酒商主管	南西．杜爾特
性別	34位男性，14位女性	女性
職稱	高階執行主管，包括總監、副總裁以及行銷總監等	創辦人和執行長
地理位置	他們從11個國家飛過來	我開了3.6公里的路

收集他們的性別和原籍國這些資料，還不足以讓我更有效和他們溝通。觀眾受到感動的原因不會只因為他們年紀大或小、來自堪薩斯或是加州。他們的人口統計數據只是故事的一部分。

真正有效的溝通需要研究，這可能表示要發起你自己做的、可以幫助你獲得見解的調查，或者如果你要針對更廣泛的產業團體，那就上網尋找熱門的部落格，看看這些企業在想什麼。你可能還要注意他們在社交媒體網站上聊什麼，直到你達到一種「覺得你認識他們本人」的程度。

不要用一種老套或是概括的方式區隔觀眾。把你的觀眾定義得太廣可能會讓你看起來很冷淡或是沒有經過充分準備。這可能會讓你的觀眾覺得自己像是統計學，或是覺得你狹隘地把刻板印象套用到他們身上，這也可能會冒犯他們。重點是你需要針對你要陳述的簡報類型，用一種正確又適當的方式定義觀眾。

有幾件事幫助我準備了那場對啤酒商主管的簡報，我訂閱了幾份關鍵的行銷刊物，好了解對於這品牌有人說過什麼、在我的社交網站上請求回饋、搜尋跟他們有關的文章，瀏覽熱門啤酒部落格上的對話、找到他們自己在網路上的簡報、閱讀他們的新聞稿，並且閱讀他們公司最新的年度報告。

這樣的研究幫助我了解他們的工作，儘管在實際簡報上我只用了見解的一部分，我卻覺得好像我認識他們，而且完全和他們腦袋裡的想法有同感。這些見解幫助我和他們取得聯繫。

I even hosted a beer tasting with my employees, and I actually found one I enjoyed.

我甚至和我的員工舉辦了一場啤酒品酒會，
事實上我還發現了一種我喜歡的啤酒。

個案研究：隆納・雷根
[挑戰者號太空梭失事後演說]

前總統雷根是一位熟練的溝通者，在「挑戰者號太空梭」的災難發生之後，他立即面臨了一個令人怯步的溝通狀況。

這艘太空梭的發射已經延期過兩次，而且白宮堅持它必須在〈國情咨文〉發表之前發射，所以它在一九八六年1月28日升空。這次的太空梭發射受到廣大的宣傳，因為這是第一次有公民（一位名叫克麗斯塔．麥考利夫[Christa McAuliffe]的教師）參與太空旅行，本來的計畫是要讓麥考利夫在太空中向學生授課。根據《紐約時報》的報導，美國九到十三歲的學生當中，將近有一半的學生在自己的教室裡觀看了發射直播。升空之後才經過短短的73秒，全世界就震驚地看到太空梭起火、導致機上全部七名人員喪命。

當晚，雷根總統取消了他本來預定要發表的〈國情咨文〉，反過來針對全國的哀悼演說。在《提升口語能力的偉大演說》(Great Speeches for Better Speaking) 這本書中，作家艾登米勒 (Michael E. Eidenmuller) 如此描述這個狀況：「針對一件全國性事件，雷根在對全美人民的演說中，扮演了鼓舞全國的角色。在這個角色，他會需要在這個事件裡灌輸愛護生命的意義、歌頌亡者，並且管理好伴隨這次意料之外但卻又無法解釋的事故而來的所有情緒。身為全國鼓舞者，雷根將必須對他的觀眾提供補救的希望，尤其要針對那些最直接受到這場事故影響的人。但是，雷根也必須表現得不只是一個鼓舞者，他也必須表現出美國總統該有的樣子，用正規的總統尊嚴進行整場演說，讓這個主題與政府都提升起來。」

雷根總統可靠地針對不同的觀眾部分，在不同角色間抽換的能力，就是讓他被譽為「偉大的溝通者」很大一部分原因。

這場演說成功符合它的「各種觀眾情緒上的需求」，也仔細地針對觀眾的每個部分演說。這次事件提供了一次自然的狀況區隔，如果那時他根據傳統的性別或是政黨傾向分類演說，反而就不太適合。

「挑戰者號意外」演說的觀眾區隔

集體的哀悼者	失事者的家人	學校學生	蘇聯	美國國家航空暨太空總署

雷根很小心地讓所有次要觀眾和較大的觀眾、集體哀悼者取得聯繫。他把不同的團體連結在一起，把他們當做一個單一的有機整體一樣對待：讓全國的人民被召集到一個地方舉國悲傷和懷念。艾登米勒說，「災難性事件確實提供了修辭狀況的基礎。絕望、焦慮、恐懼、憤怒，還有意義和目的的喪失，這些都是強而有力的心靈力量，會深刻影響我們所有人。有人說『如果沒有希望，人就會死亡。』而如果沒有聽到有力量又即時的鼓勵話語，人就可能永遠找不到有希望的理由。」

這場演說只持續了短短四分多鐘。下面幾頁說明了當晚雷根總統對各種觀眾的演講有多謹慎又出色。

隆納・雷根（Ronald Reagan）
美國第40任總統

這份分析裡有許多見解來自麥可.艾登米勒的書《提升口語能力的偉大演說》。粗體字表示直接引用自他的作品。www

演說	分析
各位先生女士，今晚我本來已經預定要對你們發表年度國情咨文，但是今天稍早發生的事件使我改變了這個計劃。今天是值得哀悼和紀念的一天。挑戰者號太空梭的悲劇讓我和南西（按：雷根的妻子）痛徹心扉，我們知道全國的人民都和我們都同樣的痛苦。這確實是我們全國的損失。	國情咨文是一年一度、經過憲法核可的演說，傳達的方式就像全國性的工作進度報告，最重要的是，要重新安排時間會是非常浩大的工程。**雷根既把自己放在混亂之外指揮者的立場，也同時放在混亂之內分享痛苦現實狀況的立場。**
十九年前，幾乎同一天，在一場地面上的可怕事故中我們失去了三位太空人。但是，我們從來不曾在航行中失去過太空人，我們從來沒有經歷過這樣的悲劇。也許我們已經忘了太空梭上的成員需要的勇氣，但是挑戰者號上的七名太空人，他們明白任務的危險，卻克服了恐懼出色地完成自己的工作。我們在此悼念這七位英雄：麥克.史密斯（Michael Smith）、迪克.斯科比（Dick Scobee）、朱迪絲.倫斯尼克（Judith Resnik）、羅納德.麥克內爾（Ronald McNair）、鬼塚承次（Ellison Onizuka）、格雷戈里.賈維斯（Gregory Jarvis）以及克麗斯塔.麥考利夫。作為一個國家，我們要一起悼念他們的殞落。	**雷根把這場悲劇放在一個較大的全景中，卻不失當前悲劇的重要性。**他說出每位太空人的名字，稱讚他們的勇氣。為了進一步管理我們的情緒，雷根再一次呼籲我們舉國悼念，並且把主要的觀眾設定為集體的哀悼者。
對這七名太空人的家人來說，我們無法像你們一樣，承受這次悲劇帶來完全的影響。但是我們也同感損失，並且深切考慮你們的心情。你們摯愛的人非常大膽且勇敢，而且他們具有特別的風範、特別的精神說，「給我一個挑戰，我會用喜悅迎接它。」他們具有一種渴望，想要探索宇宙並且發現其中的真理。他們想要服務，而且他們確實做到了，他們為我們所有人提供服務。	雷根把他的重心範圍縮小到最先也最受影響的次要觀眾：失事者的家人。他承認建議他們應該有什麼感受實在不太恰當，並且提出他們可以接受的讚揚，比如「大膽」、「勇敢」、「特別的風範」以及「特別的精神」。
我們已經習慣了本世紀中的驚奇，要再讓我們驚嘆變得很難。但是二十五年來，美國的太空計劃也就僅只於此。我們已經習慣了太空的概念，也許我們忘記了，我們才剛剛開始。我們還只是開拓者，挑戰者號的成員，他們也是開拓者。	雷根接著把注意力拉回到全體觀眾對於較大的科學故事的興趣。接著他預想太空梭成員在歷史上一起超越科學的定位，他稱呼他們是開拓者。**「開拓者」這個名詞讓他們披上神話色彩，回溯到我們國家最早開創時的冒險。**

演說	分析
我要對那些看了太空梭起飛實況轉播的學童說幾句話。我知道這很難理解，但如此痛苦的事情有時就是會發生。它是探索與發現過程的一部分。它是冒險擴展人類視野的一部分。未來並不屬於懦夫，而是屬於勇者。挑戰者號的成員把我們拉向了未來，而我們將繼續跟隨他們。	接下來雷根的次要觀眾是觀看災難實況的學童，根據估計有五百萬人，克麗斯塔．麥考利夫班上和學校的學生也在其中。**雷根短暫地採取一位同情家長的語氣，在保持「總統風範」的同時做到這點很難，但是雷根表現得很好。**
我對於我們的太空計畫一直有著極大的信心與尊重，今天發生的事情絕對不會減其分毫。我們不會掩藏我們的太空計劃，我們不會保守秘密也不會隱瞞事實，我們行事完全光明而且公開。這才是自由之道，而我們從不改變。 我們將繼續對太空的探索。將會有更多的太空梭航行、更多的太空梭成員，是的，還會有更多的志願者、更多的平民、更多的教師上太空。沒有什麼會到此為止，我們的希望和我們的旅程都會繼續下去。	演說到這裡，全國鼓舞者雷根交棒給美國總統雷根，這段演說包含了這場演說中唯一的一段政治性言論，而且針對蘇聯。他攻擊圍繞他們失敗的祕密，這些秘密使得美國科學家很苦惱，因為他們知道共享的知識是確保太空計劃的穩定和安全最好的方式。
我想補充一點，我希望我能對每位為美國太空總署或是這次任務工作的男性和女性說幾句話，告訴他們：「幾十年來，你們的奉獻和專業精神一直感動且讓我們留下深刻的印象，而我們明白你們的痛苦，我們也是。」	在這段直接針對美國太空總署的演說中，雷根提供了必要的鼓勵，接著再度轉身和全體觀眾取得聯繫說，「我們也是。」
今天還有一個巧合。三百九十年前的今天，偉大的探險家法蘭西斯．德瑞克爵士（Sir Francis Drake）死於巴拿馬沿海的船上。他畢生探索的偉大邊疆就是海洋，後來有一位歷史學家說道，「他生活在海上，死在海上，最後也葬在海中。」那麼今天我們也可以如此談論挑戰者號的成員：他們的奉獻，就像德瑞克爵士一樣，已經完成了。 挑戰者號太空梭的成員走完這一生的方式，讓我們引以為榮。我們永遠不會忘記他們，更不會忘記今天早上我們最後一次見到他們的情景。當他們整裝待發、揮手道別，「掙脫了塵世的枷鎖」，「觸及上帝的臉龐」。謝謝各位。	演說的尾聲，雷根創造了一個有說服力又有詩意的時刻。演說尾聲掌握了神話的情感，圍繞著人類對解決未知的神祕無盡的探索。「觸及上帝的臉龐」這句講詞，引自二次大戰時一位美國飛行員約翰．麥基（JOHN MAGEE）寫的詩《高飛》（HIGH FLIGHT）。麥基是在駕駛他的戰鬥機爬升到3千3百公尺時得到靈感寫下這首詩。目前它還保存在國會圖書館中。

認識你的英雄

把觀眾分成部分會有幫助，但是人類的複雜程度遠不只如此。為了要在私下取得聯繫，你必須和人之所以為人的特質取得聯繫。**畢竟，要影響你不了解的人很難。**

一部電影剛開始的時候，英雄討人喜歡的特質就會確立。這同樣也可以應用到簡報上。成功的好萊塢編劇布雷克．斯奈德（Blake Snyder）創造出「拯救貓咪」這個詞，用來描述英雄討人喜歡的特質。斯奈德說「拯救貓咪」的場景就是「我們第一次見到英雄，他或她做了某個可以明確指出他是怎麼樣的人，並且讓觀眾喜歡他的行為（比如說拯救貓咪）的地方。只要回答右頁的那些問題，你就會揭開是什麼原因讓你的英雄討人喜歡。

「喜歡你的觀眾」就是對他們表現真心的第一步。好好研究他們，站在他們的立場想那是什麼感覺？什麼原因會讓他們徹夜不眠？他們會被號召去做什麼將會對地球不一樣的事情？想像他們每天、每小時、每分鐘的生活。

記住，因為他們是人，他們的生活會很混亂。他們家裡或許會有個生病的小孩，旅館的枕頭或許會讓他們睡不好，他們在財務上或許不會量入為出，或者他們也許並不熟練自己的人生遊戲。找出一些意見，看看你的想法要怎麼緩和他們覺得「要是採取行動會面臨的壓力」。

專注在「他們從事什麼職業」是個簡單的開始，這些問題可以幫助你思考他們是什麼樣的人。但是光只是知道他們的職稱並不夠。假如你要在一場人資活動上演說，大部分來參加的人都是人資部門的主管，那就上網查查他們賺多少錢。根據他們住在哪裡夠不夠得到這個資訊？你會怎麼想像他們要怎麼花自己的薪水？擁有他們這樣任務的人性情通常怎麼樣？他們的個性會是自然的，還是頗有條理？

繼續回答這些問題，直到你從你的觀眾做什麼工作，到開始讓你自己了解他們是什麼樣的人。你可以想像他們的童年。他們會玩什麼遊戲？他們的家庭生活會是什麼樣子？什麼樣的電視節目塑造出他們的自我？任何東西都可以產生關聯。

你的目標是要找出你的觀眾在乎什麼，並且把它和你的想法做連結。

他們是什麼樣的人

生活方式

他們有什麼討人喜歡或是特別的特質?站在他們的立場想會是什麼感覺?他們會去哪裡閒逛(在生活上或是在網路上)?他們的生活方式會是什麼樣子?

知識

他們對你的主題已經知道什麼?他們從什麼來源獲得自己的知識?他們有什麼偏見(好的還是壞的)?

動機及渴望

他們需要或是渴望什麼?他們生活中缺少什麼?什麼原因會讓他們下床而且引起他們的興趣?

價值觀

對他們來說什麼很重要?他們會怎麼利用自己的時間和金錢?他們的優先順序是什麼?什麼原因可以統一他們或是激勵他們?

影響

什麼人或是什麼原因會影響他們的行為?什麼經驗影響過他們的想法?他們會怎麼做決定?

尊重

他們會怎麼尊重別人和使別人尊重自己?你可以做什麼讓他們覺得受到尊重?

認識啓蒙導師

現在你已經花時間進入觀眾的內心和腦袋，該是時候探討你身為「啟蒙導師」的角色了。但是先等一等，我之前不是告訴過你不要想到你自己嗎？那這又是什麼？這看起來不像矛盾，但是**啟蒙導師很無私，而且在別人的背景中會想到自己。**這些練習會幫助你就你可以給予觀眾什麼這方面來想想你自己。

你身為啟蒙導師的角色，就是要在英雄（觀眾）生命中關鍵的時刻影響他。啟蒙導師出現在旅程中基本上是要鼓勵英雄跨越懷疑和恐懼的妨礙。啟蒙導師通常有兩個主要的責任：教導和贈禮。

在1984年的電影《小子難纏》中，「宮城教練」不只教導他的徒弟丹尼爾學習空手道的「工具」，還賜給他明白人生意義的洞見：

宮城教練：怎麼了？
丹尼爾：我只是害怕，怕比賽還有這一切。
宮城教練：你還記得我教過你平衡嗎？
丹尼爾：記得。
宮城教練：我教你的東西不是只有空手道，是針對整個人生。整個人生有平衡的話，一切都會變得更好，明白嗎？

你可以給予觀眾什麼樣對於人生的洞見呢？利用你自己深刻的真相，轉移給你的觀眾一種感覺——讓他們明白完全走在自己的召喚中是什麼感覺。

特別要注意的是，你要怎麼融入他們的生活？你可以在你的英雄偉大的生命故事中出現一小段讓他們脫困，並且提供需要的資源，幫助他們踏上自己的旅程。沒錯，你有很重要的信息要傳達（或許甚至有交易要完成），但是你的簡報應該也要提供某些珍貴的東西。

啟蒙導師應該要提供英雄重要、有用、之前不知道的信息。當他害怕或是遲疑的時候，你也應該要激勵英雄，提供針對他的工具腰帶的工具。這些工具可能是通往成功的地圖、新的溝通技巧、或甚至是深入他靈魂的洞見。不論工具是什麼，**觀眾離開每場簡報之後，都應該要知道一些他們之前不知道的事**，並且有能力應用這些知識幫助他們成功。

你出現的方式不能好像觀眾要來幫忙你踏上你的旅程。你必須表現得像是給他們的禮物。偶爾，啟蒙導師會在關係中得到一些給他們自己的禮物，像是知識或是新見解，但是那不應該是你的目標。觀眾永遠都會認出自私的動機。

宮城教練是很聰明的人，他利用交易讓丹尼爾幫他鋪沙、洗車、加裝柵欄還有粉刷他的房子。有時候，這會對啟蒙導師有好處，但是更大的好處永遠都應該是針對英雄的。

你可以給他們什麼

指導

什麼樣的洞見和知識會幫助他們在自己的旅程中航行？

信心

你可以怎麼支持他們，這樣他們才不會不情願？

工具

你可以送他們什麼工具、技巧或是有魔力的禮物，讓他們踏上旅程？

創造共同點

創造和觀眾之間的共同點，就像是清出一條連接他們和你的內心的通道。**只要找出、並且連結你們共有的經驗和目標，你就可以建立一條信任的道路，牢固得讓他們覺得「跨到你這邊很安全」。**你要培養信任感，不要用傲慢的方式出現。就算你有很棒的才能，也應該要用謙遜、無私的方式展露，才能和他們取得聯繫。

分享敏銳的洞見和使用一兩種有魔力的工具很棒，但是如果你不可靠，你的觀眾就不會聽進去。在你做簡報的時候，他們會不斷打量你：他表達得清楚嗎？他夠資格嗎？我喜歡他嗎？在採納新觀點之前，「針對自己的標準和經驗去比較及驗證別人」是人類的天性。

而專注在共同之處上，正可以支持你的可靠度，所以就花點時間揭開你和觀眾的相似之處吧。尋找你可以帶到最顯著位置的共有經驗和目標。一場創造出共同點的簡報會有潛力、可以統合一群多變的人，讓他們朝向一個共同目的移動，因為他們多變的特性，這些人通常很少會被統合。但當他們強烈和「達到某個共同目標」這件事聯繫上時，人們就會撇開差別。

如果一場簡報失控了，責怪觀眾錯誤解讀並且說「我的意思不是那樣」很容易——「他們怎麼會這麼笨？」在這種責怪的遊戲中，十根手指頭都應該要指向你，而不是「錯誤解讀」你簡報的人。因為，是你選擇了這些文字和圖像來傳達你的想法，如果簡報不能和觀眾的經驗結合，你就應該承認最後被誤解是你的錯。

我曾經經歷過一次「為什麼觀眾不明白這個明顯的想法」的時刻，那是二〇〇七年我要傳達我們公司願景的時候。不是我的員工看不見，而是我的溝通有缺陷。當時經歷三次重大的美國經濟衰退後，很容易看到下次經濟衰退就快來臨。我知道公司一定要做一些立刻的改變，才能幫助我們度過這場暴風雨。但對公司團隊來說，一切都顯得很安全又穩定。所以當我傳達急切的「危機非常明顯」的訊息時，它產生了反效果。我生動的簡報進行到尾聲時，我的員工震驚地坐著，感覺好像我試圖要操縱他們，告訴他們天要塌下來了。我想的是一場充斥洞見和緊急訊息的簡報，但我年輕的員工們（他們只知道繁榮和穩定）卻覺得是被操縱。我的訊息和溝通方式把步行減慢到爬行。有少數聽了簡報的人明白，但是要讓每一個人都「上船」，看來不容易。重新組織這個議題並且建立新成長動力花了整整一年。就算衰退來臨了，這個想法也沒有牽引力，因為我沒有利用「可以和我的觀眾取得聯繫」的象徵或是經驗。

觀眾會選擇要不要和你取得聯繫。人們通常只有在他們最感興趣的地方才會做出反應。**個人的價值觀最終會驅使他們的行為，**所以理想上，你應該要分辨並且和已經存在的價值觀結合。

你要怎麼和他們取得聯繫

共有的經驗
你們的過去有什麼共同點：記憶、歷史事件、興趣？

共同的目標
你們未來要前往哪裡？什麼結果是你們共同渴望的？

資格認證
為什麼你特別夠資格擔任他們的指導者？你曾經經歷過什麼樣相似的旅程，並且得到正面的結果？

在重疊之處與觀衆溝通

你為什麼必須經歷這章一切有關觀眾和你自己的問題?因為,利用同理心和觀眾取得聯繫,正需要對人們的感覺和想法發展理解和敏感。

來聽簡報的人們心裡和腦中,都會整齊儲存著自己的事實和情緒。人們天生就會吸收訊息並且把它轉變成個人的意義,塑造他們自己的觀點。

「了解並且調整頻率去適應觀眾的頻率」是簡報者的工作。你的訊息應該要和他們心裡已經知道的事情產生共鳴。身為一個簡報者,如果你傳送一則經過調整配合他們需求和渴望的「頻率」的訊息,他們就會改變。他們或許還會因為狂熱而發抖,一起移動創造出美麗的結果(本書第18頁)。

當你夠了解某個人,你們的共同經驗就會創造出共有的意義。我先生馬克,他只要說一個充滿意義的字,我就會在地上狂笑。我知道,你或許沒有和你的觀眾結婚三十年,但是只要你做好功課,他們就會覺得跟你好像是好朋友。朋友會知道要怎麼說服彼此,他們會有自然的方法可以影響彼此朝向自己的觀點移動。

確定「你們有多相像」也會釐清你們有多不同。一旦你分辨出重疊部分,你就會更清楚了解重疊部分之外,觀眾需要接受的事物。

你的目標是要找出最相關也最可信的方式,可以讓你的議題和你的觀眾最重要的價值觀和關心的事產生連結。

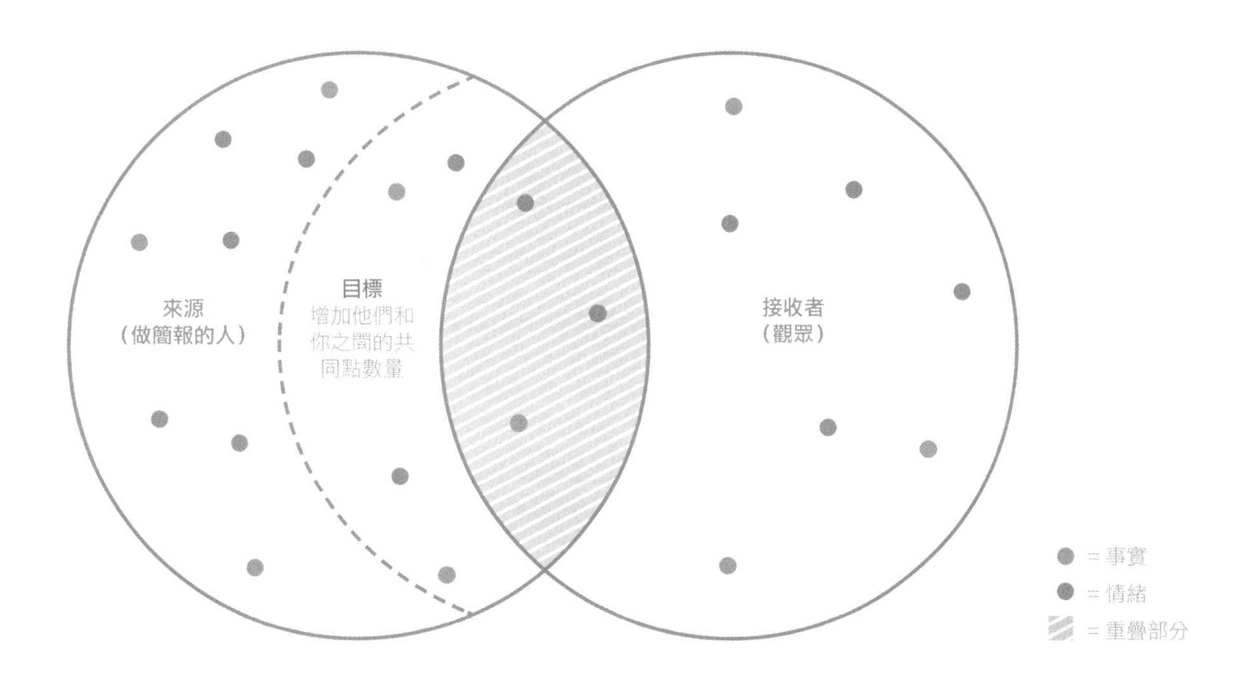

「如果有任何人問我，我認為什麼是完美的語言風格，我會這樣回答，一個人可以對五百個人演說，就所有共同和多變的職位來說，除了白痴或是瘋子以外，他們全都應該要明白，而且就和演說者希望他們明白的意思一樣。」

丹尼爾．笛福（Daniel Defoe）

當你真正了解人們的時候，說服他們就會很容易。投資時間讓你自己和觀眾變熟，就可以凝聚你說服他們的能力。

認識英雄：觀眾是決定「你想法的結果如何」的英雄，所以充分了解他們很重要。跳到你的觀眾的立場、仔細觀察他們的生活。把他們想像成擁有複雜生活的個人、分辨他們的感覺、想法、還有態度、探索他們的生活方式、知識、渴望、還有價值觀，畫圖表示他們在自己平凡的世界裡是什麼樣的人，會幫助你和他們取得聯繫，並且利用同理心的立場溝通。

認識啟蒙導師：接受啟蒙導師的立場會讓你披上人性的外衣。這會讓你從強加訊息在「無知的觀眾」身上，轉變成給予他們珍貴的工具，引導他們走上旅程或是幫助他們脫困。在他們離開的時候，應該帶著他們遇到你之前沒有過的見解。

當觀眾聚集在你面前，他們已經給了你他們的時間，這是他們生活中珍貴的片段。而你的工作，就是讓他們覺得「花時間和你在一起」為他們的人生帶來了價值。

[視覺溝通的法則 3]

如果簡報者調到了觀眾的共鳴頻率，人們就會開始移動。

第 4 章

讓人們跟著簡報走

為觀眾的旅程做準備

簡報應該要有目的地。如果你沒有仔細規劃「你希望觀眾聽完簡報後可以到達的地方」，他們就不會到那裡。如果一個水手想航行到夏威夷，他絕不會跳上一條小船、揚起帆、猜測方向，還完全期待經過幾天航行之後就可以抵達。那樣實在不會管用，你必須要設定過程，意思就是要發展正確的內容。你定義的目的地可以當做指南。**你分享的每一點滴內容，都應該要把觀眾推向你定義的目的地。**

記住，簡報設計的目的是要把觀眾從一個地點運送到另一個地點。他們從自己熟悉的世界移動得更加接近你的看法時，他們會感覺到一種失落感。**你是在說服觀眾放開舊有的信念或習慣，採納新的信念和習慣。**如果人們從新的觀點中、可以讓他們覺得傾向改變的要點深刻了解事情，改變就會在內在開始（心靈和想法）並且在外在結束（行動和行為）。然而，如果不經過一番掙扎，這一切通常不會發生。

掙扎的表現通常會是抗拒，這是可以控制的，只要你針對它做規劃。當一艘帆船迎風航行的時候，會繫上船帆來控制風。如果控制得當的話，帆船就會航行得比風本身還快，就算它遭受狂風的對抗。雖然你或許沒辦法控制觀眾抗拒的激烈程度，你卻可以「調整你的帆」（訊息）並利用它獲取衝力。只要控制得宜，看起來似乎會產生反效果的力量也可以創造向前的動力。然而，就像航行一樣，也需要「來回移動」才能到達目的地（就像簡報格式一樣）。

簡報旅程應該要經過仔細規劃，而且所有相關的訊息都應該把觀眾推得更靠近目的地。

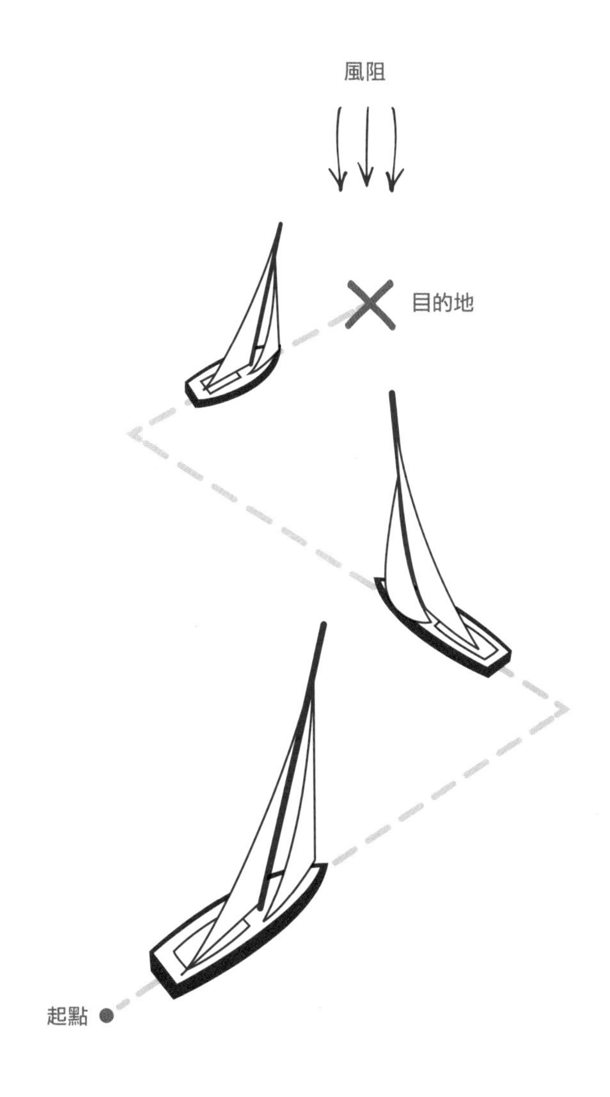
風阻
目的地
起點

大創意

所謂的**大創意**就是你想要傳達的關鍵訊息。它包含了迫使觀眾利用新的羅盤方向設定新路線的動力。編劇把這個訊息稱為「中心思想」。也有人把它稱為方便攜帶的要點、中心論點，或是單一的統一訊息。

一個大創意會包含三個要素：

1) **大創意必須要明確表達你獨特的觀點。**人們來的目的是要聽你演講，既然他們想知道你對主題的觀點，你就應該告訴他們：比如說，「海洋的命運」只是一個主題，不是個大創意。「全世界的污染正在毀滅海洋和我們」才是一個擁有獨特觀點的大創意。大創意並不需要罕見到「之前都沒人聽過」，它只需要是你對主題的觀點，而不是一般性的概論。

2) **大創意必須要傳達要緊的事。**大創意應該要明確表達為什麼「這值得觀眾在乎及採納你的觀點」。你可以說你的想法是要「透過新的立法補給新的沼澤地」。但是把這個訊息和「如果沒有更好的立法的話，在二二五年以前，沼澤地的破壞就會對佛羅里達的經濟造成七百億元的損失。」相比看看。表達要緊的事會幫助觀眾認出需要參與並且成為英雄的需要。如果沒有迫切需要轉變的理由，大創意就會流於呆板。

3) **大創意必須要是完整的句子。**用句子的格式敍述大創意，會迫使其中必須要有名詞和動詞。如果被問到「你的簡報主題是什麼？」這個問題，大多數人都會回答「是第三季的財務狀況」或是「是要介紹一個新軟體」之類的話。這些回答並不是大創意，大創意必須像個完整的句子：「這個軟體會讓你的團隊更有效率，並且產生兩年以上的百萬年收。」如果可以在句子裡用到「你」這個字甚至會更好，這會確保句子是針對某個人所寫的。

「情緒」是大創意另一個重要的要素。濃縮各種不同的情緒可以簡化這個任務。到最後，只會有兩種情緒：高興和痛苦。一場真正有說服力的簡報會利用這些情緒達到以下的效果：

- 如果他們拒絕這個大創意的話，增加痛苦的可能性，減少高興的可能性。
- 如果他們接受這個大創意的話，增加高興的可能性，減少痛苦的可能性。

比如說，著重在「我們正在喪失競爭優勢」、把它當作大創意的企業簡報中並沒有什麼要緊的事。相反的，「如果我們不能恢復競爭優勢，你們的工作就有危險了」這個訊息會清楚說明有很多要緊的事！它可以吸引員工想要生存的人類本能。當面臨威脅或是緊急的感覺時，人類就會改變。在二○○七年一月號的《哈佛商業評論》中，商管學者約翰．科特（John P. Kotter）解釋說，「大多數成功的改變，都是在某個個人或團體開始認真看待公司的競爭狀況、市場定位、技術趨勢、以及財務表現時開始的。接著他們會找到方法廣泛且戲劇性地傳達這個訊息，尤其這對於危機、潛在危機，或是非常及時的絕佳機會最有效。」

簡報的「重力」應該要符合狀況的「嚴重性」，並且正確地反映要緊的事，不多也不少。

大創意	你對某個主題的獨特觀點	對於會採納或不會採納你的觀點的人清楚敘述要緊的事	用句子的格式寫成

這些並不是大創意	這些才是大創意
月球任務	美國應該要太空成就中取得領先，因為它掌握了我們在地球上未來的關鍵。
顧客銷售電話	我們的軟體會提供你們顧客使用紀錄，這會節省你們員工的時間，並且讓你們的利潤增加百分之二。
第三季的財務狀況	第三季的數字下降了，為了要在這場遊戲中存活，每個部門都必須支持銷售的行動。

約翰·甘迺迪知道沒有人可以預測太空競賽的結果，但是他相信結果會決定誰贏得這場自由和專制之間的戰役。

規劃觀眾的旅程

現在你已經建立了大創意，也已經定義了目標，該是時間安排旅程了。記住，「說服」代表你必須「要求觀眾在某些方面改變」，而大多數改變都會迫使人們拋棄某種狀態或行為方式，採取另一種新的狀態或行為方式。很多時候，在他們透過自己的行為展現外在變化的跡象之前，必須要先發生一種內在、情緒上的改變。

觀察一場簡報其實非常有趣。我們去看電影或是閱讀書籍是為了要看到發生在主角身上的轉變。這種經過精心策劃的改變被稱為「角色演進」，就是英雄所承受的「可辨識內在和外在改變」。

當一個劇本被電影製作公司收購時，故事分析師會透過估算角色演進的品質來評估這個劇本。故事分析師只要看過劇本的第一頁和最後一頁，就可以相當迅速地判定劇本的品質。第一頁會確立電影開始時誰是英雄，最後一頁會決定英雄在過程中有多大的轉變。這種對劇本的快速評估可以判定「英雄的旅程」到底有沒有改變這個主角。如果英雄在最後一頁之前沒有足夠的改變，這就會是一部無聊的電影。偉大的故事會呈現人物身上的成長和轉變。

就像故事分析師看劇本的第一頁和最後一頁一樣，你也必須在你簡報的開頭預想並且研究你的觀眾，還有你希望他們離開的時候會變成什麼樣的人。一進入房間，你的觀眾就會對你的主題抱持某種你想要改變的觀點。你想要讓他們從靜止轉變為行動，你想要讓他們離開房間時看重你的觀點，並且對它做出承諾。而如果你沒有精心策劃的地圖，這就不會發生。

要規劃觀眾的旅程，就先指出你想要觀眾拋棄和採取的方式，指出他們內在和外在的轉變。如果你改變他們的外在，你通常可以透過他們的行動觀察到改變。這種外在的改變就是他們明白並且相信大創意的證據。改變信念就會改變行動。

你或許會想說，「天啊，我只是要在我的員工會議上做簡報而已，我可以跳過這個步驟吧。」如果是那樣的話，寫份報告把它發佈出去或許會是比較好的選擇。儘管如此，如果你的員工會議是有關某個超出預算的計畫的狀態，你最好還是攪和進去，讓他們從「覺得超出預算沒關係」，轉變成「負起責任、努力承受回到正常預算狀況的一點痛苦」。既然這是一個需要展現說服力的場景，也就需要經過清楚定義的旅程。

觀眾的旅程

離開……		動身到……
拋棄某種狀態（內在的改變）	→	移動到另一種新狀態
拋棄某種行為方式（外在的改變）	→	採取另一種新行為方式

一九六一年約翰·甘迺迪在議會發表的月球登陸演說中，觀眾的旅程

離開……		動身到……
感覺這個計畫太過冒險，而且在十年的期限內不可能達成。	→	一種緊急的感覺，因為蘇聯佔有（太空）先機，而且可能會持續領先下去。
只核准一部分的預算。	→	核准接下來五年全數70億到90億美元的附加預算。

安排旅程的工具

這幾頁包含一些工具，在你安排觀眾的旅程時可以幫助刺激想法。

下面這張清單是從針對改變管理的各種文章中挑選出來的字。它並不是針對每種改變的詳盡清單，但是它可以幫助激發想法，看你希望你的觀眾如何改變。

離開……	→ 動身到……	離開……	→ 動身到……	離開……	→ 動身到……
放棄	嘗試	退出	參與	誤解	了解
控訴	辯護	厭惡	喜歡	拒絕的人	贊同
冷漠	興趣	忽視	細查	敵人	夥伴
意識	接受	阻止	説服	強制的	熱情的
取消	實行	分歧	統一	消極主義者	積極主義者
混亂	結構	懷疑	相信	悲觀的	樂觀的
思想封閉	思想開放	排除	包括	否決	接受
複雜	簡化	消耗力氣	賦與精神	反抗	屈服
隱瞞	熟悉	忘記	記得	撤退	追趕
困惑	清楚	遲疑	願意	危險	安全
支配	授權	妨礙	促進	破壞	促進
拆解	建立	無知	學習	懷疑	有希望
拖延	行動	忽略	回應	合乎標準	差別對待
輕視	想要	無力	影響	固定不動	開始
破壞	創建	隨興	計畫	認為	了解
不同意	同意	個人	同好	不清楚	清楚
不贊成	推薦	使它失效	使它生效	不自在	自在
解散	集合	不負責任	負責任	暗中破壞	支持
不滿	滿意	保持安靜	報告		
阻礙	鼓勵	保持現狀	改變		

決定他們在過程中需要轉變的地方

許多簡報產生的目的是要讓觀眾從「被困在計畫中」轉變成「從計畫中脫困」。當團隊需要鼓勵和刺激，或是計畫可能會錯過截止期限或停滯不前的時候，計畫和過程就會達到決定性的時刻。還有另一個方法可以判定旅程，就是評估過程並且決定他們應該進入（或是被困住）的階段，並且準備你的訊息，讓他們從目前的階段轉變成下一個階段。比如說，你或許會想讓某個委託人跟著銷售周期的下一步轉變，這表示你或許會需要讓他們從感興趣轉變成評估你的產品。右邊的圖片會列出共同的過程，下面的圖片會顯示一個主要的想法生命周期，你可以利用它讓你的想法脫困。

過程區隔

決定過程中觀眾必須轉變的階段：

- **「計畫」過程：**分析、設計、發展、執行、評估
- **「銷售週期」過程：**察覺、興趣、渴望、評估、行動、忠誠
- **「採納觀點」的過程：**創新的人、早期採納意見的人、多數的人、遲鈍的人

「好想法」的生命周期

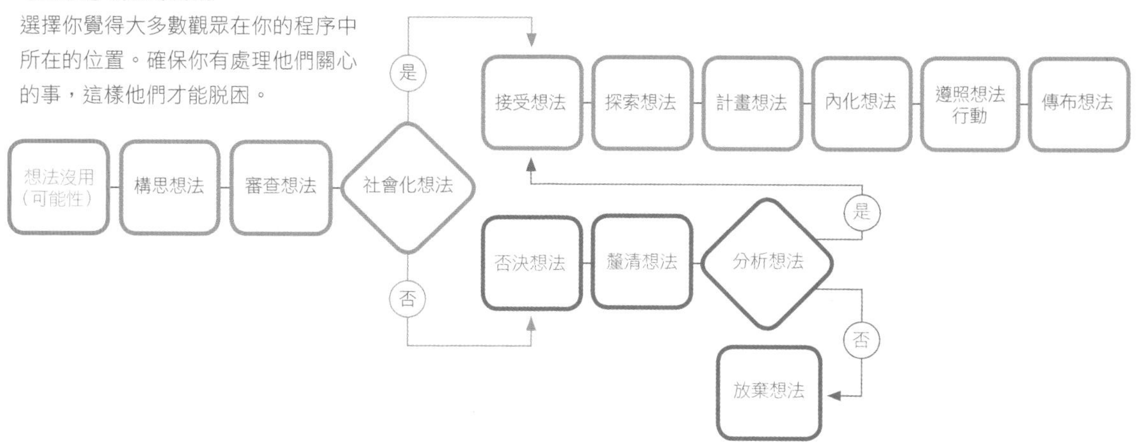

承認「這有風險」

要踏上一段結果未知的旅程時，人會有種天生的恐懼感。這種未知的元素就是會讓改變這麼可怕的原因。

改變包含增加新的東西，拋棄舊的東西。為了讓新的社會興起，舊的社會就必須衰敗。舊的科技過時的時候，新的科技也會浮現。就算是在說服當中，接受某些新東西也代表必須犧牲其他東西。

如果要採納你的觀點，觀眾最起碼必須拋棄他們之前認為正確的事物。改變他們的想法就像是要求他們拋棄一位長久以來一直支持他們的老朋友。失去一位好朋友是很痛苦的。

就算是某些看起來微不足道的東西，比如喪失他們的時間，也可能會需要他們冒某些風險。「工作到很晚」或許代表會錯過排球練習，或是錯過晚上送他們的小孩上床睡覺的機會。你必須注意到當你要求他們做某些事的時候，觀眾將會做出的犧牲，因為你是在要求他們放棄他們生活中微小但還是無法彌補的一部分。如果你仔細想過當你要求他們接受你的大創意的時候，觀眾將會面對什麼潛在風險，你就會準備好能管理他們的憂慮，並做出有效反應以克服這些憂慮。

觀眾抗拒的來源通常會和「他們知道他們需要做出的犧牲」有關，這些關乎他們時間或金錢的事，對他們可是種損失。你的簡報是對他們既有立場的破壞。你是在說他們需要買你的產品、需要更有效率，或是需要加入某個行動，但是他們覺得待在原地就好了。

在產生成果前，改變需要先產生破壞，這就是觀眾特別需要啟蒙導師鼓勵的地方。

觀眾的轉變會受到一個重大的計畫引導，有點類似蝴蝶的蛻變。等毛毛蟲產生堅硬、具有保護作用的繭之後，在繭裡面發生的變化可說非常激烈。毛毛蟲的外形會液化，重組成一種完全不同的形式——也就是蝴蝶。

同情他們的犧牲和風險

犧牲

他們會願意犧牲什麼來採納你的想法？他們會放棄什麼信念或是理想？他們在時間或金錢上需要付出什麼樣的代價？

風險

察覺到的風險是什麼？他們會需要承受什麼身體或情緒上的風險？這會如何打倒他們？他們或許必須對抗什麼人或什麼事？

處理抗拒
當你的號召被拒絕……

這是無庸置疑的，大多數人並不會喜歡改變，反而會抗拒改變。觀眾或許明白你的計畫，甚至會在心裡接受它，但是他們或許還是不會開始行動。

在二〇〇八年七月號的《哈佛商業評論》中，學人約翰．科特和里奧納德．塞辛格（LeonardA.Schlesinger）報告說，「所有受到改變影響的人，都會經歷某種情緒上的混亂。就算是看起來『正面』或是『合理』的改變，也會包含損失和不確定。儘管如此，基於一些不同的原因，個人或團體對改變的反應可能會有很大的不同，他們可能會消極地抗拒改變、積極地試圖暗中破壞改變、或是真心地接受改變。」

觀眾往往會向後推，或是試圖在你的簡報中找錯誤，因為要是他們不這麼做的話，他們要不就得忍受在他們舊有的立場和你已經傳達給他們的新立場之間的矛盾，要不就得選擇改變。他們的抗拒可能會像懷疑的態度一樣輕微，或是像叛變一樣具有毀滅性，而你必須要直接了當地處理他們的抗拒。你要怎麼修改你的溝通，好讓觀眾從積極地試圖暗中破壞你的訊息轉變成真心地接受它？

仔細思索所有你的觀眾可能會抗拒的方式。他們會利用什麼樣的態度、恐懼、還有限制當作工具，來反對實現你的想法？在你找出他們拒絕的原因之後，利用這些憂慮當疫苗。在他們有機會反駁你的觀點之前，先敍述對立的觀點。

就像預防病的疫苗，「故意感染某個人，好把受感染的嚴重性降到最小」。當你用同理心去處理觀眾的拒絕，在你的談話中坦誠地敍述這些拒絕時，同樣的疫苗作用也會發生。這會幫助他們看出你已經徹底思索過一切，也會因此減少他們的焦慮。

大多數人不會只為了抗拒而抗拒（雖然有些人會這樣）。大多數人會抗拒是因為你要求他們做某些需要他們冒險或是做出不同程度犧牲的事。比如說，要求人們買產品可能會讓他們覺得好像他們是在冒著名譽的風險，把公司的錢花在一個結果無法預料的產品上。

你所認為的抗拒，在觀眾的心裡看來可能會完全地不同。他們或許會抗拒你的訊息，因為就他們的觀點來看，這個訊息會考驗他們的名譽、信用或是面子。如果觀眾對你的訊息採取這個立場，你認為的抗拒在他們眼裡看來就是勇氣。他們是在保護他們重視的事物，並且做出恰當的反應。認可他們的抗拒，同時向他們保證他們在你的悉心照料中，因為你是他們的啟蒙導師。

拒絕號召

舒適區

他們對改變的容忍限度是什麼？他們的舒適區在哪裡？你想要求他們離開他們的舒適區多遠？

恐懼

什麼原因會讓他們徹夜不眠？什麼是他們最大的恐懼？什麼恐懼是確實的，什麼恐懼應該被解除？

弱點

他們在哪個領域中很脆弱？有任何最近的改變、錯誤或是弱點嗎？

誤解

他們對訊息、提出的改變，或是含意會有什麼誤解？為什麼他們會相信改變對他們或是他們的機構來說沒有道理？

障礙

在他們的路上會有什麼內心或實際上的障礙？什麼樣的障礙會導致摩擦？什麼樣的障礙會阻止他們採納並且遵照你的訊息行動？

策略

力量的平衡在哪裡？什麼人或什麼事會對他們產生影響？你的想法會創造力量的轉換嗎？

讓報酬值得

不論是根據利他主義或是利己主義，人們都喜歡對自己的生活帶來一點不一樣。那可能會像「把這裡變成很棒的工作場所」一樣微小，或是像「拯救衣索比亞的生命」一樣高尚。

不論你把你的想法變得多麼讓人興奮，觀眾還是不會行動，除非你描述某個會讓行動值得的報酬。「最終獲得什麼」一定要很清楚，無論它和觀眾延伸的影響身份有關，或甚至可能和全人類有關。如果他們必須犧牲他們的時間、金錢或意見呼應你的行動號召，那就得明顯展示好處會是什麼。

報酬應該要訴諸於物質、關係或是自我實現的需求：

- **基本需求**：人類的身體會有基本的需求，比如食物、水、住所還有休息。當這些需求當中有任何一個受到威脅時，人們就會冒著生命和肢體的風險保護它們，就算是為了別人。人們不喜歡看到別人的基本需求無法滿足，於是這就會引起慷慨的行為。
- **安全**：人們會希望在家、在工作上、還有玩樂的時候感覺放心又安全。身體上、財務上、或甚至技術上的安全可以讓他們確保自己很安全。
- **節約**：時間和金錢是兩種寶貴的必需品。你的簡報報酬或許會是節省觀眾的時間或是對他們的投資創造大量的回饋。
- **獎金**：這可以包含一切，從個人的財務報酬到獲得市場佔有率。這就是擁有某些東西的特權。
- **認可**：人們喜歡因為自己個人或集體的努力受到尊敬。別人用新的眼光看待他們、獲得升遷、或是獲准加入某些專用的事物，都是對他們提供認可。
- **關係**：人們為了和一群人成為共同體的承諾，可以容忍很多事。報酬可以很簡單，就是和他們愛的人一起慶祝勝利。
- **命運**：引導觀眾走向某個畢生的夢想可以滿足受到重視的需求。提供觀眾機會實現他們完整的潛力。

根據這些分類，問你自己以下的問題：觀眾可以得到什麼做為對改變的交換？他們能從中得到什麼好處？採納你的觀點或是買你的產品，他們可以得到什麼？這會帶給他們什麼好處？

就像你已在「英雄的旅程」中學到的，英雄會離開平凡的世界、進入特別的世界，返回的時候不只會作為人類改變，還會帶著仙丹，就是踏上這段旅程的報酬。你的觀眾獲得的報酬應該要和他們所做的犧牲成比例。

指出報酬（嶄新的幸福）

對他們的好處

他們個人會因為採納你的想法得到什麼好處？他們能從中得到什麼物質或情緒上的好處？

對身分的好處

這會如何幫助他們更有影響力，比如對朋友、同儕、學生還有直接下屬？他們要如何利用這些益處再去影響別人？

對人類的好處

這會如何幫助人類或是地球？

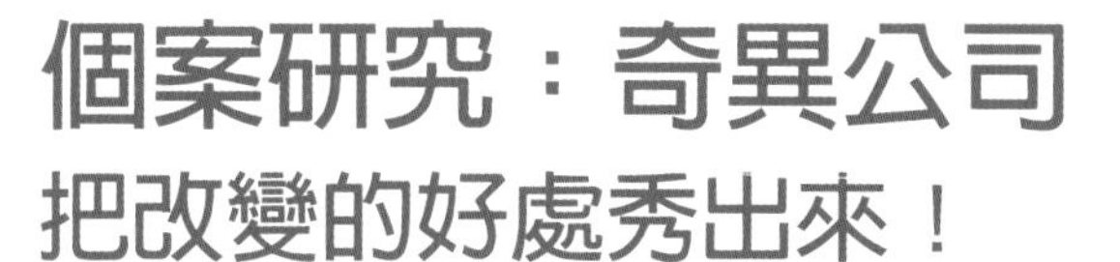

個案研究：奇異公司
把改變的好處秀出來！

身為世界最大的公司之一，奇異非常重視創新。他們會在解決當前問題的同時，想像可以塑造未來的創新方法。無可否認，在這個過程中，昨日的創新一定會因為明日的需要變得過時。奇異公司一直處於介於現實狀況和可能狀況之間的變遷狀態。

在這種創新緊張狀態的氣氛中溝通未必總是很容易。在奇異公司的行銷總監貝絲．康斯托克帶領下，奇異的團隊有效駕馭了這個領域。康斯托克做的許多簡報都是在處理現實狀況和可能狀況之間的對比。

康斯托克會用她具有對比效果的文字搭配具有對比效果的影像，用來增強她的訊息。

康斯托克做了接下來幾頁要特別介紹的簡報，用來說服她的銷售與行銷團隊「在經濟衰退中成長」是有可能的（注意就連她的標題也有對比）。她想要讓她的團隊拋棄最自暴自棄的經濟衰退心態（現實狀況），轉變成相信他們可以在經濟衰退中創新（可能狀況）。她的簡報通常會透過創新的緊張處理操縱的主題。

康斯托克會用個人冒險、脆弱、還有勝利的故事點綴她的溝通，這會讓她變得可靠又坦率。她曾經分享過一個故事，奇異知名的前執行長傑克．威爾許（Jack Welch）打電話給她，卻講到一半就掛她電話。康斯托克打給他的助理時，助理告訴她說，「他是在給你一個教訓，這就是你有時候會碰到的狀況。」這真是有關領導和用幽默方式傳授的赤裸裸教訓。

康斯托克在傳達對比上表現得很自然。下面是她的簡報鋪陳。接下來幾頁已經把簡報內容編輯成「離開哪裡」、「動身到哪裡」、「好處」還有「個人化故事」的矩陣，這樣你就可以看出她慣常使用、那種出色又基本的結構。

在經濟衰退中成長？

傑夫．伊梅爾特（Jeff Immelt）在二〇〇一年接任奇異公司的執行長，他的策略是在技術／創新、全球拓展、以及顧客關係領域上投資更多的同時，公司也要從內部成長。為了實現這個目標，除了技術、銷售以及地區性的企業領導者外，奇異公司還需要一個更有力的行銷編制。幾十年來，奇異公司對它本身的產品一直很有信心，所以它相信產品幾乎可以為自己行銷。接著，他們產生了一種集體的覺醒：經驗豐富的行銷人員可以推動奇異公司抵達更多地方、組織技術達成新的壯舉、並且幫助指出公司可以銷售更多的方向。

奇異公司在二〇〇三年設定了一個積極的路線，打算倍增本身的行銷才能並且建立新的能力。當時康斯托克進入公司擔任幾十年來第一位「行銷總監」。奇異公司的行銷人員建立了一種行銷領導的創新投資組合，並在奇異公司上下執行，創造了每年20億到30億美元的新收益。透過這項努力，奇異公司把行銷創新定義為技術和產品創新必要的夥伴。行銷人員是團隊當中決定性的一部分，驅使了百分之八到十的內部成長，超過過去速度的兩倍。

但接近二〇〇八年的時候，一場全球的經濟危機對成長速度造成嚴重破壞，並且逐漸改變顧客行為。成長陷入泥沼的時候會發生什麼事？這該是奇異公司削減行銷預算的時候了嗎？決定正好相反。行銷要被視為奇異更持續著重的功能。

而且，哈佛商學院教授藍傑．古拉地（Ranjay Gulati）的研究激起了康斯托克的信心。古拉地觀察發現，在經濟衰退中更加不懈地關注顧客，並且在更多管道上投注心力的公司，在景氣恢復後可預期會保持領先多達五年。（現在這可以吸引你的注意力了吧！）

奇異公司在二〇〇八年的目標是要依然專注成長——無論環境有多艱難。奇異公司需要種下種子，這樣當景氣恢復時它才能做好準備。這表示它要在新的機會上投注心力並且鼓勵新的想法。

鼓勵創意

狀態的轉變

從對創意感到不自在，轉變成相信每個人都可以有創意，移動離開舒適區會很可怕。

行為的轉變

透過「在組織內的自由」，從混亂轉變成有組織。詳細說明問題、為想法挪出空間、並且以個人和團隊的身分努力。

好處／結果

創意需要用多重的反覆規劃，但是好的過程可以幫助想法維持並且激勵團隊。

個人化

一隊核子科學家跑到全美NASCAR汽車競賽協會的幕後，學習賽車和核電廠接受服務方式的相似之處。對我來說，寫想法日誌是一個有幫助的方法，可以創造構思想法的「空間」。

操縱模稜兩可

狀態的轉變

從因為不知道所有答案而無法行動，轉變成接受你永遠不會知道所有答案。

行為的轉變

從害怕開始轉變成挑選路徑，知道你最後抵達的地方和你開始的地方可能會有很大的不同。

好處／結果

「消除模稜兩可」會幫助你面對現實、做出困難的號召、並且對新的作法保持彈性。

個人化

傑克 威爾許教過我打滾的重要性。在步調很快的新聞環境度過好多年之後，傑克教會我如何了解想法和人們。

冒險

狀態的轉變

從害怕鼓動想法，轉變成為了更好的方式奮鬥。鼓動想法的人很少會受歡迎，但是對創意過程來說卻是不可或缺的。

行為的轉變

從能見度不佳轉變成沒有答案也要前進。想法需要支持的人把他們轉變成行動，所以執行人員的接納很重要。

好處／結果

如果你不跳進去，你就會後悔錯過的機會。你很快失敗的時候，你的失敗也會比較小。

個人化

我需要克服我自己的謹慎。有時候我會回頭去看我不願意的時候，即使當時我知道我可以增加價值，然後我才來後悔錯過的機會。現在我會告訴我自己說，「你不會想錯過這次機會的，放手去做吧。」

發展新世界的技巧

狀態的轉變

從本來是個害怕科技的人轉變成看出在一個網絡化的世界裡，價值來自於你和誰有所聯繫。

行為的轉變

從掌控的幻想轉變成邀請別人加入你。你最好的販賣機可能會是來自你網絡中顧客的驗證。

好處／結果

改變你的影響身份，並且把你的網絡轉變成資產，以便預測未來的行動、需求、還有解決方法。

個人化

歐巴馬的競選活動明白那群分散在網絡上的人有種力量，分享彼此想改變政治的共同熱情。他們可以在網路世界取得關鍵工具、資訊權，還有利用它們的自由。

授權給團隊

狀態的轉變

從單獨進行轉變成形成夥伴關係，因為具有多重觀點的團隊會創造出多變的解決方法。

行為的轉變

從害怕批評變成體會緊張是創意過程中重要的一部分。讓批評的人發聲，他們就會變成鼓吹的人。

好處／結果

夥伴關係可以允許你分散風險、填滿信用的差距、並且關注專業技術。

個人化

我以前認為我必須全部靠我自己的力量去做，所以不會要求幫忙。我學到你必須邀請別人加入，而且「承認你需要幫忙」根本沒什麼。人們會想幫忙並且成為某個比他們自己更大的計畫的一部分。

釋放你的熱情

狀態的轉變

從缺乏熱情轉變成鼓勵熱情，不只你自己還有別人的熱情。缺乏熱情會讓想法陷入泥沼，所以開始和結束都要有熱情。

行為的轉變

從個人的熱情轉變成混合同情的共有的熱情，這會創造出一種推進計畫並且符合需求的能量。

好處／結果

你會創造出一種建立在自身上、創造動力還有吸引別人的能量。

個人化

我學到有時候我的熱情可能會讓別人不知所措，尤其如果這種熱情近乎侵略的話。我必須得讓想法萌芽，並且鼓勵別人對想法作補充，讓它變成他們自己的想法。

觀眾中大多數的人都對從他們自己角度出發的觀點很自在，但卻不喜歡承認「或許會有另一個有根據的觀點」。當你提出想法的時候，這會迫使他們做決定，要不就是採納你的想法，要不就是接受拒絕採納你想法的結果。

為了確保他們會採納你的想法，準備計畫會很重要，這得有一個確定的目的地。決定目的地包含創造一個好點子（還要明確表達利害關係）。你也需要規劃觀眾的旅程，確定你想要他們拋棄什麼狀態和行為方式，還有你想要他們採取什麼狀態和行為方式。

對你提出的改變，他們一開始的反應可能會（好吧，絕對少不了）是抗拒。你要處理抗拒還有包含的風險，這樣他們的恐懼才能得到安撫，他們才會願意跳進來。

請確保他們很清楚好處。做簡報的你是在說服他們改變，所以他們、他們的組織，或是人類就得從中得到一些好處，才能讓改變值得。

[視覺溝通的法則 4]

除非被迫改變，否則每位觀衆都會維持一種靜止的狀態

想像得到的一切

現在該是收集和創造訊息的時候了。記得要抗拒在這個初步階段「會想坐下來使用簡報軟體」的誘惑，現在還不到用簡報軟體的時候。

本章會涵蓋各種產生想法的技巧。最先、最明顯產生出來的想法很少會是最棒的想法，你得針對一個主題堅定地產生想法，直到你已經絞盡腦汁想出所有可能性為止。一般來說，真正聰明的想法會在「發想過程」的第三或第四輪出現。

你將會利用擴散性思考，這種心理過程會讓要創造想法的你往「可以想像得到的任何方向」移動。擴散性思考能夠讓新穎、原創的內容浮現。這是一個混亂的過程，所以先把「整齊」這種概念收起來，允許你自己保持無系統的狀態——你將會搜索新奇的想法並探勘已經存在的想法。擴展可能性的數量會創造意料之外的結果，要探索出所有的解決方案，就先把判斷收起來吧！

儘可能產生想法，越多越好：

- **收集想法：**儘管你可以免掉從草稿開始，直接收集別人做過的簡報，但那並不是世界上唯一一種的訊息，而且照抄別人的投影片也不是和你的觀眾產生連結的最好辦法。記得收集可以容易取得的想法，但更重要的是，記得有意地從所有其他相關的資源中探勘靈感。

  就像淘金的時候，淘金的人會抱起一個裝滿泥土的鍋子，來回地揮動它，直到比較重也比較有價值的金子沉到底部，而他們從來不知道哪個裝滿泥土的鍋子可以淘出最多的金塊。所以在收集想法的階段，記得要從四面八方舀起「泥土」，觀察企業研究、競爭對手的見解、新聞文章、夥伴的計畫、調查，一切的一切。收集的方向不只要廣也要深。要儘可能收集競爭對手的訊息，越多越好，這樣你才能賦予你自己不同於它們的定位。找出有關主題的一切，然後漫步在偏離主題的題目裡尋找見解。

- **創造想法：**「發明新想法」和「探勘已經存在的想法」不同。而這就是你必須憑直覺思考的地方，要發自你的內心思考。要好奇、要冒險、要堅持，並讓你的直覺引導你。從你有創意的一面抽取、產生出從來沒有過的想法或是曾經和你之前的大創意聯想在一起的想法。你要明白，深入挖掘可能的事物時，你的想法會存在一片霧中，這是因為你只能模糊地看到未來。請用一種心胸開放的狀態處理這個過程，在這個過程中你會探索未知的事物。你會做實驗、會冒險、會做夢、還會創造新的可能性。

隨便拿一張紙或是一疊便條紙，寫下你可以想到能支持你的想法的一切事物。目標是要創造大量的想法，這將會激發你在接下來幾頁加入更多想法！但是不用擔心，你將會對所有的想法過濾、綜合並且分類，之後精心創造出一個有意義的整體。

儘可能收集並組織想法，越多越好，
便條紙會讓捕捉想法變得容易，
而且最棒的部份就是，
它們可以依照你的需要重新整理。

不僅僅是事實

現在你已經開始收集靈感並且創造內容了，你腦力激盪出來的第一批內容或許主要會由事實組成。事實也是一種要收集的內容，但是它們並不是創造成功的簡報唯一需要的內容種類。你必須在分析性和情感性的內容間極力取得平衡，沒錯，尤其是情感性的內容。這個步驟對你來說或許會很不自在，但儘管如此，它卻是很重要的一步。

亞里斯多德主張，要說服別人，你必須運用三種類型的論證：道德的吸引力（來源的可信度）、情感的吸引力（引起共鳴）、以及邏輯的吸引力（合理的論點）。單單只有事實是不足以說服別人的。想說服人必須要恰當地平衡可信度和內容，才能觸動心弦。

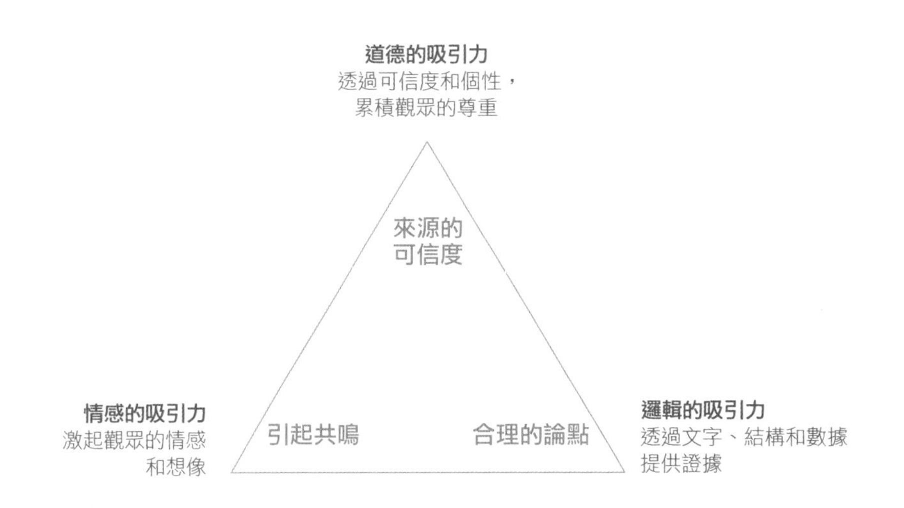

在一場為時一個小時的簡報中，敍述一個又一個的事實，並不會讓觀眾明白這些事實「為什麼很重要」。把情感當作工具來強調事實，這樣它們才會引人注目。如果你不這麼做的話，你就是在讓觀眾疲於分辨他們必須做的決定。在科學報告中保持冷感與實際可能會有用，但是對用口頭表達具有説服力的內容來說，就是不會有用。

道德的吸引力

透過共有的價值觀和經驗與觀眾產生連結，創造介於分析性和情感性吸引力之間恰當的平衡，這將會支持你的可信度。觀眾會覺得和你的想法產生連結，也會尊重你的想法。

邏輯的吸引力

設計一個結構以保持簡報的完整無缺並且幫助它言之有理。提出聲明並且提供可以支持聲明的證據。在所有簡報中使用邏輯性吸引力是必要的。

情感的吸引力

透過引發他們痛苦或高興的感覺來刺激你的觀眾。當人們感覺到這些情感的時候，他們就會把理性拋出窗外，人們會根據情感做出重要的決定。

「感情擁有理智不知道它擁有的理性。」

天才思考家與數學家布萊茲．帕斯卡 (Blaise Pascal)

攝影師藍迪·奧爾森（Randy Olson）的四種溝通器官

分析性吸引力

1) 腦袋

腦袋是聰明人的大本營，它的特徵是大量的邏輯和分析。當你試著對某件事理出你自己的道理時，這就是會發生在你腦袋中的一切。腦袋中的事物往往會比較理性，比較「經過慎重考慮」，而且因此會比較不矛盾。「三思而後行」就是分析性類型賴以為生的話。

情感性吸引力

這些比較低階的器官裡住著自發性和直覺，它們和理智的行動位在光譜上相對的一端。雖然它們帶來了高程度的風險（因為沒有經過慎重考慮），它們也可以提供某些神奇現象的潛力。

2) 心靈

心靈是熱情者的大本營。受到自己心靈驅使的人們會很情緒化、和自己的感覺有深刻連結、容易多愁善感、容易受戲劇事件影響，而且會因為愛而殘缺。「真心誠意」就來自心靈的區域。

3) 內臟

內臟是幽默和本能共同的大本營（對某件事具有本能的感覺）。你現在已經離腦袋有段距離了，因此，事物的特徵會比較沒那麼理性。受到自己內臟驅使的人們會比較衝動、自發性、而且容易矛盾。內臟程度的類型會說「做就對了」。住在內臟中的事物還沒有經過分析性的處理。

4) 鼠蹊

位於我們解剖過程的底部是鼠蹊。無數的男性和女性都曾經出於熱情冒著他們生活中一切事物的風險、並且破壞這些事物。這些器官中是沒有邏輯的，在這個區域中你和邏輯會相隔十萬八千里，但是其中的力量會很巨大，動態也會很廣泛。

別這麼理智！

人們會比較習慣從他們的腦袋產生內容，因為公司總是鼓勵或獎勵把大多數時間花在分析性區域（腦袋）上的員工，所以大多數人會避開情感性區域（心靈、內臟、鼠蹊）。但卻是從這個比較情感性的區域，才會產生直覺、假設、以及熱情，大創意也需要這些元素。

不論你天生的溝通傾向是什麼，你都必須學習其他區域的技巧，才能吸引更廣泛的觀眾。如果你單單只從分析性的區域演說，那就往下移動一點。許多決定都是透過情感做出的。事實上，你的下一個投資者或許就會聽從他的心做出財務決定。但是如果你只從情感性區域溝通，受到分析性區域驅使的觀眾就不會接受你缺乏證據的演說，這將會毀掉你的可信度。

從你整體的自己（既分析性又情感性）創造簡報到底是什麼樣的感覺呢？

從較低區域產生的想法比較創新，它們會比較大膽和冒險，但是也會比較有趣。拋開電子制式表格和矩陣吧，想像可能狀況。讓你身上比較低階的區域引導想法的產生，大膽嘗試比較刺激的冒險。想像未知的事物，不要覺得這樣很愚蠢。等你在這些還不熟悉的地方筋疲力竭之後，轉向你的腦袋去分析它們。有意識地嘗試在腦袋和內臟之間來回移動，好確保你正在利用整合性思考。

「情感和信念是主人，理智是它們的僕人。忽略情感，理智就會打瞌睡，引發情感，理智就會衝過來幫忙。」

亨利．博丁格（Henry M. Boettinger）
《移動巨山：讓別人看見你的觀點》作者

對比會創造輪廓

人們天生就會受到對立的事物吸引，所以簡報應該要利用這種吸引力來創造興趣。**傳達某個「和它兩極的對立事物」並列的想法會創造出能量。這種在矛盾的兩極之間來回移動的方式，可以吸引觀眾全心投入。**

採取強烈又清楚的立場也能創造一種機會——使別人也提出令人注目的對立立場，並且創造對比。你提出的每個聲明，房間裡某個人很有可能都會持與它兩極的對立聲明。當然，你認為你的觀點是正確的，但是房間裡的其他人可能會有不同的觀點。

現實狀況和可能狀況之間的差距會透過創造對比而確立。大多數人會直接跳到描述世界現況（或是歷史上）看起來的樣子，再對比未來可能會有的樣子。這是最明顯的對比類型。但是差距也可能是「如果沒有你的產品，顧客可能會怎麼樣」對比「有了你的產品，顧客可能會怎麼樣」，或是「從另一個角度看世界會是什麼樣子」對比「從你的角度看世界會是什麼樣子」。基本上，差距就是介於觀眾目前所在的位置和一旦他們了解你的觀點之後，可能抵達的位置間任何類型的對比。

處理「替代觀點」和「對比的觀點」不只很仔細，還很有趣，而且這還有證據可證明。

刊在《美國社會學期刊》一九八六年的一篇文章中，約翰．海瑞提（John Heritage）和大衛．格列巴齊（David Greatbatch）分析了英國的四百七十六場政治性演說，研究鼓掌之前出現的內容。比如說，他們想要找出原因，為什麼有的演說聆聽的過程可以完全沉默，而其他演說卻可以將近每分鐘得到兩次鼓掌。到底是什麼原因足以吸引觀眾實際去拍手反應？在研究過一萬九千句以上的句子之後，有一半的鼓掌可以歸因於演說中某個傳達對比的時刻。「對比」在吸引觀眾反應這件事的角色相當鮮明。

下一頁的練習會幫助你擴展你的觀點，為你自己創造空間考慮並且處理觀眾的替代信念。面對他們的觀點會提供你可信度，你甚至會聽到反對的人說出「哇，這真的有經過徹底的慎重考慮耶！」之類的話。

創造對比

好，來回顧你到目前為止，已經腦力激盪出的想法有哪些，每個想法都應該要具有一個固有的想法和它對立。對你產生的每一個觀點都會有一個反駁論點，探索它們全部很重要。你或許不會利用它們，但是既然它們是你準備過程的一部分，你就應該了解它們的本質。

右邊是一張對比元素的清單，可以當成跳板：你大多數的想法可能會落在其中的某個欄位。仔細觀察清單中的元素，產生你或許還沒想過的嶄新想法，也為每個你可以想到的觀點創造對立的想法。請對每個欄位中的項目做這個練習，接著用反過來的順序重複這個過程，這將會激起更多靈感。當你完成練習的時候，你最後產生的清單應該會擁有精細又豐富的對比觀點。

現實狀況		可能狀況
替代的觀點	•	你的觀點
過去/現在	•	未來
付出	•	收穫
問題	•	解決方案
障礙	•	暢通
抗拒	•	行動
不可能	•	可能
需求	•	滿足
劣勢	•	優勢（機會）
信息	•	見解
平凡	•	特別
問題	•	回答

對比「平常的和崇高的」事物，可以讓觀眾朝向可能狀況改變。這些主題性的想法就是在簡報格式中創造上下模式形狀的元素。

回想我們的經驗和其他人的經驗是很寶貴的注意力餽贈，它永遠不會停止用賦予意義和解讀意義的時刻為我們增添光輝。

提倡「說故事」的管理專家
泰倫斯．伽吉羅（Terrence Gargiulo）

把想法轉變成意義

到目前為止，你已經產生、也收集了想法，現在你將會賦予這些想法意義。故事的結構和重要性可以把訊息從靜態、平板的狀態轉變成動態而有活力。故事可以把訊息重新塑造出意義。

腦袋會處理訊息，並且把意義和它聯想在一起。這個在腦中進行的依附意義的過程會幫助我們對訊息分類、做出決定，並且判定某件事的價值。人們會取決於它們帶來的意義，對關係和實體商品做出評價。

試圖利用敘述你的主題、產品、或是哲學的特色和規格說服觀眾是沒有意義的，除非你可以在混合中加入人性的成份。舉某種醫學裝置當例子，它的設計可能會很可愛，而且合金很堅固，但是創造意義的特質是「這台裝置可以救命」。你能不能說個故事，說明這台裝置要怎麼用來救命，或甚至可以用來節省醫生的時間？當它們可以影響人類的時候，特色就會變得很寶貴，這就是意義存在之處。

故事可以幫助觀眾具體看到你所做的或是你相信的事情，它們會讓別人的心變得更柔軟。用故事的形式分享經驗會創造出一種共有的經驗和發自內心深處的連結。

本章中的其餘部分會專注在如何讓訊息產生意義，並且因此讓觀眾更能接受你要傳達的想法。

「故事是人類關係的貨幣。」

羅伯特．麥基（Robert McKee）

你的車庫裡肯定會有某些你堅持保存、對你來說很寶貴的東西，但是對別人來說卻毫無意義，我也有這樣的東西。

我外婆過世的時候，她家裡似乎沒有什麼具有實質價值的東西。她是個聰明又反應靈敏的女士，她的詩歌創作曾經得過獎，在一個果園裡的小房子過著簡單的生活。當「分配她的所有物」這個可怕的任務來臨時，我馬上知道我想要什麼：她生前使用的一個有積垢茶杯。這個看起來沒有價值的小東西在車庫銷售上或許賣不到什麼錢，但它對我來說卻很寶貴。不是因為茶杯的手工藝或是設計，而是因為它曾經使用的方式和時機。我會去拜訪外婆好幾個小時、在她說故事的時候啜飲茶杯中的茶。轉售這個茶杯的價值不到五分錢，但是同時對我來說，這個茶杯的價值是無價的。

一個人的所有物或甚至他們生活的價值，並不是根據它實際上的本質而定，真正的價值來自於另一個人聯想到它的意義。

回憶故事

大多數偉大的簡報會利用簡報者親身的故事。在你創造內容的過程中，會有某些地方你想要你的觀眾感覺到某種特別的情感。回憶某段你們曾經擁有相同情感的時間，會讓觀眾和你用一種更可靠又真誠的方式產生連結。創造可以聯想到各種情感的親身故事目錄是一種有用的來源。

有一個本能的方式可以回憶故事，那就是回想你人生的某段時間。你可以逐年進行，或是把年份聚集成階段，比如童年初期、小學的年紀、中學、高中、大學、就業、子女出生、孫子女出生、還有退休。

然而，按照年代順序收集回憶只是這麼做的其中一種方式。打破按照年代順序的模式可以幫助回想更深層、而且可能更沈睡的故事。想想人物、事件、地點來代替。在你探索這些區域的過程中，用草稿畫下你看到的東西、儘可能記下引發的回憶和情感，越多越好。

- **人物**：你可以利用寫下你認識的人的清單激發相關的回憶。一開始先創造展現家族關聯的分層家譜，接下來，根據交流或是他們在某些方面互動的狀況，開始聯想和連結在分層的線外，彼此之間的親戚關係。列出其他就你所知影響過你的人還有你觀察到的關係，如：教師／學生、上司／同事、朋友／敵人。這種力量動態可以製造刺激的故事。記得仔細思考關係的動態還有你對每個人的感覺。
- **地點**：仔細思考你曾經花時間待過的空間：家裡、院子、辦公室、鄰近地區、教堂、運動設施、度假勝地，任何地方，甚至是虛擬的空間。利用你對這些地方的情感轉換成空間的回憶。在腦中從一間房間移動到另一間房間，盡你記憶所及找出細節，越多越好。你會「看到」你已經忘記的事情。在視覺上從一個空間移動到另一個空間，將會激起場景甚至是長久以來受到忽視的氣味和聲音。改變打草稿的用具會允許你利用你的身體和腦袋的不同部位，這可以解放更多回憶。
- **事件**：試著把你人生中曾經擁有過、你覺得很寶貴的實質東西編目。它們不必得是昂貴的東西，只需要在情感上很重要就可以了。為什麼它們對你來說會這麼寶貴？你喜歡你的老爺車是因為你在裡面獻出你的初吻嗎？或是你喜歡你舊的泰迪熊是因為你摘除扁桃腺的時候它安慰了你？這些東西背後有什麼故事，才會讓它們對你來說很重要？在它們通常會被找到的地方描繪一幅它們的圖畫，儘可能加入細節，越多越好。這將會激起更多的情感和回憶。

描繪這些回憶是一個很棒的分類和回憶故事的方法。如果你對這種描繪不太自在，那就找影像來代替這些故事。創造視覺上的啟動裝置，並盡你所能記下越多越好的回憶，尤其是你隨著故事展開的感覺。每當你需要講述一段具有說服力的親身趣事時，你就可以引用你收集的這些故事。

當我在創意上被困住的時候，我會在「寫作和想像」之間來回彈跳。這個過程會激發新的想法、隱喻、或是視覺上的說明。

我有一次需要某個針對簡報主題的故事，用來傳達「在壓力下保持冷靜」的重要性。我想要利用真實的童年回憶，我並沒有透過時間表按照年代順序重建我的童年，而是畫出我小時候的家的樓層平面圖，用來激發視覺上的記憶。我的腦袋遊走過每間房間、回憶沈睡的記憶：我失去的烏龜、地下室的舞台製作、還有其他生動的影像。

但是最重要的是，我找到了我的故事。在我畫到樓上的樓層平面圖、畫出衣櫥門的時候，一段有關我妹妹諾瑪四歲時的回憶湧現在我腦中。當時她不小心把自己鎖在衣櫥裡。衣櫥的鎖是一九九年代初期製造的、位於衣櫥的裡面。開鎖的程序很困難，包含兩個步驟程序，得先旋轉轉盤並依照順序移動槓桿才能打開。我當時只能無助地從外面抓門，而她在裡面尖叫。我的外公跑了出去、喃喃自語地說要找把斧頭。一幅血腥混亂的影像閃過我的腦袋——我得做點什麼才行。我讓諾瑪試著安靜下來，向她解釋她得做的選擇：是要讓外公把門劈開，還是冷靜下來聽我的指示。她艱難地旋轉把手、按下開關，正好在外公衝回房間時，她獲得釋放。我知道她可以做到，但是必須要有冷靜且堅持的決心才行。這個故事非常完美地有用！

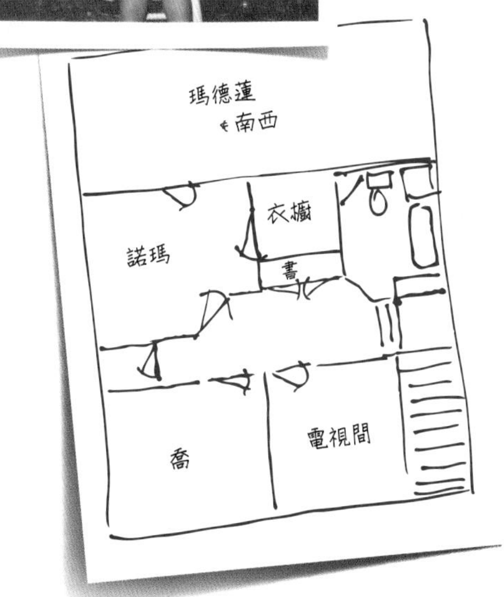

把訊息轉變成故事

故事可以透過添加意義來加強簡報的效果。如果使用得宜，故事、類比、還有隱喻就可以幫助創造重要性並刺激場景。故事可以是一句話的長度，或是在整場簡報裡相互交織成為主題。

故事很容易重複。把訊息轉變成含有趣事的格式可以在情感上改變訊息，並且把它放進比較容易消化的格式。

下面是一張利用「英雄的旅程縮短版」的模版。你可以儘可能添加細節和你覺得自在的描述性裝飾，但是基本的結構將保持完整。想想看有什麼類型的訊息最可以幫助說明你的觀點，把其中的某些訊息轉變成故事的格式。右頁則是下面這張模版如何把訊息轉變成故事的範例。

短篇故事模版

開端

時間	轉折點	人物/事件	地點
從前從前	有……	一位經理	在行銷過程中
一九九三年	我聽說	一個人（名字）	在新加坡
兩個月前	我買了	一台電腦	在eBay上
幾年前	我看到	一輛車	在車庫裡
十年內	將會有……	一個事件	在某個地方

中段

來龍去脈	衝突	計畫的結局	錯綜複雜 （可用可不用，但很有效）
當時	這讓我們和……起衝突	於是	有什麼風險？
發生了這件事	我們知道這不能繼續下去	我們試了這個方法	你會擔心嗎？
	結果讓人無法接受		要是失敗了怎麼辦？

結尾

實際的結局	MIP（Most Important Point，最重要的點）
最後……（不一定得是正面的）	寓意或是核心訊息是什麼？

		有關組織變化的故事	有關顧客興趣的故事
你想表達的重點		每個跨部門的功能都可以因為控制委員會受益。	如果他們買了這個軟體，中型的公司可以節省金錢。
開端	時間、人物、地點	幾年前，這個銷售團隊處理過某個顯示我所說的跨部門議題的問題。	去年我遇到蘇珊，她是一家和你們非常相似公司的執行長。
中段	來龍去脈	當時，所有銷售小組都是獨立的。	她聰明有謀，就像你們一樣，她很好奇我們的軟體能不能幫助她的企業。
	衝突	這表示我們是在用許多不同的規則、程序、以及格式讓顧客覺得困惑。	她知道如果她沒有可以在全球環境中運作的軟體，她的組織就不會達到頂點。
	計畫的結局	所以我們決定要創造一個銷售控制委員會。	我們只為達拉斯辦公室的員工安裝了試用版。
	錯綜複雜	你可以想像在任何事情上達成協議有多難。	她很擔心學習新程式同時，員工生產力會下降。
結尾	實際的結局	但是我們協議要每兩週見一次面討論共同點。隔年，我們把所有的程序標準化，並且從彼此身上學到很多。顧客對我們的服務滿意多了。	正好相反，員工生產力上升了，而且蘇珊收到了許多電子郵件，向她表示這個軟體將如何幫助他們獲得市場優勢。 她只花了不到一個星期就同意在全公司安裝這個軟體。
最重要的點		我認為每個跨部門的功能都可以因為控制委員會受益。	你們的公司如果有相同的問題，也會因此受益。

個案研究：思科系統
尋找啤酒花

科技是沒有意義的，除非你明白人類如何使用科技並且因科技而受益。這往往是對科技主題做簡報的難題。很多這種主題簡報者強調的重點會放在目標及科技的特色上，而不是放在科技可以如何幫助使用者。

仔細觀察右邊原始的投影片和投影片附帶的原始文稿。雖然它一開始似乎描述了人性的要素，實際上它卻只不過是介紹功能的冗長細目清單。

這份描述很正確、簡潔，而且完全缺乏吸引力或個性。它回答了「什麼」和「如何」的問題，卻完全忽略了「為什麼」的問題。換句話說，科技能夠做到許多事情，但是你必須提供觀眾一個在乎這些事情的理由。

這個在乎的理由會從故事開始。畫一張圖、提供觀眾可以和它產生關聯的人性元素、告訴他們「為什麼」。一旦你讓他們上鉤之後，你就可以拉開布幕讓他們看看科技實際上如何產生作用。如果你直接跳到魔術戲法的「作法」，卻沒有先表演讓觀眾驚嘆得合不攏嘴的戲法本身，你就會失去觀眾的心。

下面幾頁的故事轉變了原始的簡報，記錄了思科公司的科技如何幫助一位小型企業負責人在管理他的企業時變得更機靈且聰明。

如果你公司的品牌標語是「人性化的網路」，那麼講述人類可以如何因為這個網路受益就很重要，如果可以的話，把它編織成一個擁有真實人物的故事會更好。

原始的投影片

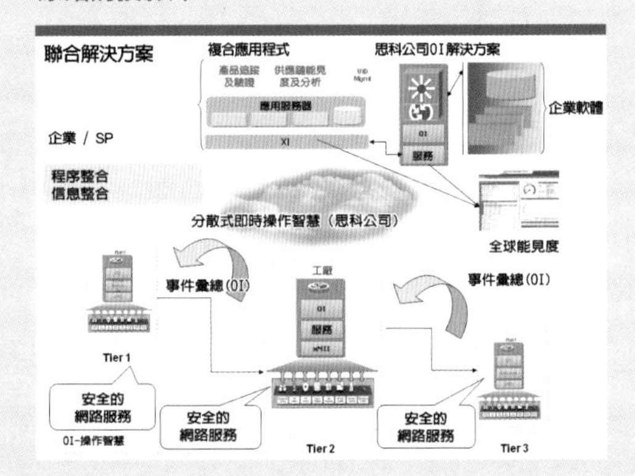

原始的文稿

「在此有個例子可以說明聯合通訊企業在製造方面的實力。

企業團隊可以經由擁有思科IP的觸控螢幕手機，或是經由他們手機上的電話通訊使用者介面進入會議。

如果需要共享文件的話，這種會議可以輕易地從簡單的音頻會議轉換成網路會議，如果需要檢視影像內容（比如即時觀看運作中的機器）以便解決問題的話，還能轉換成影像會議。」

故事結構

一開始就介紹你的英雄，並且提供你的觀眾一個全力支持他或她的理由。

清楚地鋪陳衝突，但是不要透露英雄會如何克服衝突，這是保持神祕的一部分。

提供觀眾更多信息說明挑戰的本質，往往這會來自意料之外的來源或是新的人物。

「尋找啤酒花」的故事

戴夫是一家大型微量型啤酒廠的總裁，他贏得比其他任何啤酒廠還要多的地區性啤酒競賽，而且他很渴望他的下一場競賽，有信心他獲獎無數的配方會為他奠定另一場勝利。

不幸的是，正準備好為了競賽釀造他的一批新啤酒時，他發現他的祕密成分、第一流的啤酒花還沒有送到。

就在這個時候，戴夫的供應鏈經理收到通知，裝運的啤酒花被扣留在海關。供應網路偵查到這個訊息，並且把它發送給戴夫的啤酒公司，其中的短信提醒了戴夫的供應鏈經理。

故事結構

設計一個錯綜複雜的狀況，讓利害關係的困境提高。

透露解決方案，但是確保它並不容易。這第二個挑戰會提高對英雄的利害關係，並且讓觀眾保持緊張不安。

收拾故事的時候，回憶原始的前提好恢復觀眾的記憶。

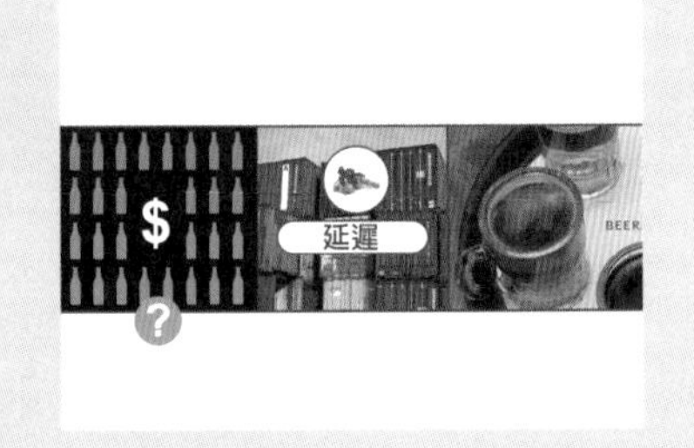

現在戴夫問題可大了。他的啤酒花還沒有送到，而且很難預料它們會被扣留在海關多久。他必須在競賽上發表他的新啤酒，因為他要靠新聞報導的力量讓它成為今年最暢銷的啤酒。而且為了期待這次活動，他還停止了很大一部分的工廠運作，所以如果他沒辦法趕上他的截止期限，他就會損失收入。

但是或許會有解決方案：在美國的另一邊，有另一家種植同一種品種的啤酒花供應商今年大豐收，必須在產品壞掉之後把它們大量傾銷。大衛會怎麼樣呢？他能夠捍衛他的頭銜嗎？競賽的主辦單位能夠吸引他們需要的群眾嗎？替代的啤酒花供應商能夠找到他的顧客嗎？請看刺激的結論……

上回我們離開我們的英雄時，一切都很不好。幸運的是，當裝運被扣留在海關的時候，戴夫和他的團隊馬上就收到了通知。

扣人心弦：在故事裡的這個時間點，你可以暫時打斷來解釋科技的運作方式。觀眾會被停留在懸而未決的狀態裡，想要知道人物怎麼了，這時你可以提供解決方案的背景。這麼做可以達到兩個目的：你可以特別提供你的觀眾人物不知道的信息，而且你可以提供你必須分享的硬性資料。

對於擁有多個人物或危機的故事，一套循序漸進的方法會讓最終的解決方案變得簡單且讓人相信。

建立結局。展現克服挑戰逐步增加的步驟。

創造所有故事線得到解決的高潮，除了一個故事線以外，就是原始的挑戰。

讓結局成為最後的行動，讓英雄從某個階段上升到另一個階段的場景。

製造經理根據新的配方判定了確切短缺的數量，接著透過他安全的網路連結檢查其他關鍵供應商的潛在來源。

他找到了那家替代的啤酒花供應商、指名需要的數量、驗證過品種、然後下了訂單。

種植者的銷售代表接到了訂單、找到了有空的製造商、然後跟他取得聯絡（經由多重裝置），確認他可以立刻裝運啤酒花。國內的供應商和戴夫確認裝運的日期，他終於能夠確定他可以參加競賽了……

……當然，他再次贏得了競賽。和他的團隊馬上就收到了通知。

漢斯．羅斯林二〇〇六年的TED演説是把數據轉變成意義的象徵。www 在其中一個主軸他安排了「女性的生育率」，另一個主軸他則安排了「平均壽命」。透過時間的推移賦予訊息生命，新的見解就浮現了。成群的泡泡從右下角的角落一九六二年開始移動，當時人的壽命很短而且家庭人口眾多，移動來到二〇〇三年徹底的新世界時，壽命很長和家庭人口少則成了標準。

漢斯．羅斯林（Hans Rosling）
國際衛生學教授

讓數據變成有力的聲音

只要你跨出只是滔滔不絕地講述數據的框架，數字就可以變得很迷人。根據《你看到了》（Now You See It）的作者史蒂芬．福（Stephen Few）所說的，「身為『用數量指出企業訊息』的提供者，我們的責任不只要篩選數據並且把它傳遞下去，我們還必須幫助我們的讀者獲得其中的見解。我們必須用一種帶領讀者踏上探索旅程的方式設計訊息，確保重要的事物清楚地被看到並且明白。數字裡有很重要的故事要說，而它們得依靠你賦予它們清楚又有說服力的聲音。」

數字很少會為自己說話。「10億有多大？這個數字和別的數字相比起來如何？是什麼原因造成數字上下起伏？」你可以把這些問題留給個人解讀，或者你也可以利用敍述解釋伴隨數字而來的衝擊、異常，還有趨勢。

有幾種方式可以解釋數字當中的敍述：

- **規模：**照目前的趨勢，我們會不經意地到處丟出極大（還有極小）的數字。記得利用對照數字和類似大小的東西來解釋規模的偉大。

  水源夥伴網站（WaterPartner.org）在二〇〇八年的一則動畫上指出：「今年，白人女孩中有一人會在阿魯巴島遭到綁架，四人會死於鯊魚攻擊，79人會死於禽流感，965人會死於飛機失事，14,600人會在武力衝突中失去自己的性命，500萬人會死於和水有關的疾病。相當於一個月發生兩次海嘯、每天發生五次卡崔娜颶風、或是每四小時發生一次世界貿易中心倒塌事故。關於這些事的新聞標題到哪去了？我們的憤怒到哪去了？我們的人性何在？」WWW

- **比較：**有些數字聽起來會貌似很小或很大，除非它們被放進某個背景中，對照它們和不同的背景中具有類似價值的數字。

  英特爾公司（Intel）的執行長保羅．歐德寧（Paul Otellini）在二〇〇一年的簡報上說：「今天我們擁有產業的冠軍：32-奈米處理科技，32-奈米微處理器的速度加快了5千倍，但是它的電晶體卻比我們最初使用的4004處理器還要便宜10萬倍。在此要冒昧地對我們汽車業的朋友說，如果他們的產品製造出同樣的創新的話，今天的汽車每小時將可以跑47萬哩。它們每加侖汽油將可以獲得10萬哩的動力，而且它們只要花三分錢。我們相信這些科技上的進步將會帶領我們進入嶄新的電腦時代。」

- **背景：**圖表中的數字會上下起伏或是變大變小。記得解釋環境上或策略上、影響賦予數字意義的改變的因素。

  杜爾特設計公司的共同創辦人馬克．杜爾特在他的願景簡報上則這樣呈現：在鋪陳二〇〇一年的願景時，馬克展示了一幅圖形，描繪該公司從它二十年前創立開始，每五年會採取一次的「四種大膽的策略移動」。他解釋了每五年的策略期間如何形成企業的價值。接著，他把歷史性的年收入趨勢覆蓋在同樣的五年期間增加上，展現杜爾特設計公司如何承受每次的經濟衰退風暴，用來強調每個策略性波濤在創造成長和機會上的作用。這使得幾乎沒人再抗拒去了解「為什麼接下來五年的計畫值得他們的支持。」

講述隱藏在數字中的敍述可以幫助別人了解數字的意義。

殺掉你親愛的寶貝

現在你已經收集了所有可能的分析性和情感性內容，該是時候縮小它們的範圍了。許多想法很獨特，而且揭開它們可能很迷人，但是你不能把它們全部說出，而且也沒有人想要全部聽完它們。**想法必須經過過濾，才能直述簡潔地支持你大創意的要點。**

本章已經利用「產生想法」的說明，帶你走過擴散性思考的過程，讓你能夠收集實際上和情感上的內容，也會考慮對比的觀點。

現在，該是進行一些聚斂性思考的時候了。擴散性思考和聚斂性思考是由喬伊．保羅．吉爾福特（J. P. Guilford）在一九六七年提出，這是面對問題產生的反應中，兩種不同類型的思考方式。擴散性思考產生想法，聚斂性思考則分類並分析這些想法以便產生最好的結果。

所以，但願你剛剛產生的所有想法，都能提供你一些偉大的創意選項可以篩選。

提姆．布朗（Tim Brown）在其著作《設計思考改造世界》（Change by Design）中說，「當你得在幾個好幾個現有選項中做決定時，聚斂性思考是一種實際有效的做法。想想漏斗，喇叭形的開口代表各式各樣的最初可能，細小的注入口則是代表仔細聚斂過的解決方案。」

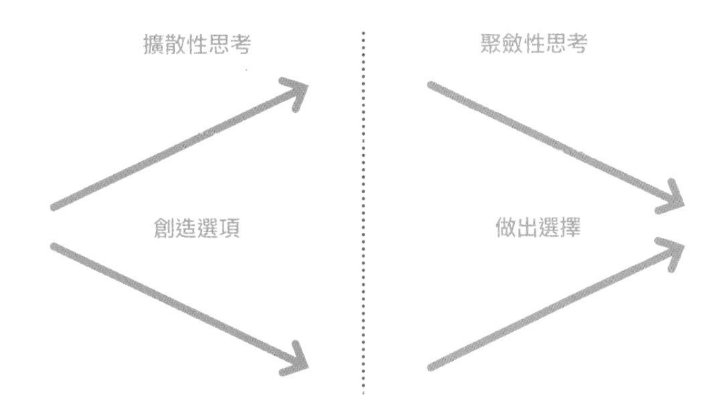

「當旋律來到擴散性節拍，新選項會浮現。還至聚斂性節拍，則剛好相反：此時要淘汰選項，做出選擇。要讓一度大有可為的想法就此出局，是一件痛苦的事。」

提姆．布朗

雖然你可能會覺得你產生的所有想法都既有見識也迷人，而且產生它們花了你很多的時間，它們卻需要經過分類和組織，而且有些想法還必須被殺掉。殺掉？沒錯，而且你擁有最棒的過濾裝置就是你的大創意本身。請再檢視它一次，然後去除所有被你抓到不能明確支持這個大創意的素材。

這是一個激烈的創意過程：建構想法、破壞它們、把它們分組、把它們重新分組、選擇它們、否決它們、重新思考它們、然後修改它們。同時重複利用擴散性思考和聚斂性思考的過程，直到你找到最突出的內容可以支持你的大創意。

當你覺得你已經穩固地建立你的立場並且過濾你的想法時，回顧一下119頁，驗證你是否有保留足夠的有趣對比。

過濾非常重要，如果你不過濾你的簡報，觀眾就會產生負面的回應，因為你是在讓他們疲於分辨最重要的部份。在他們聽你說話的同時，他們也在自己的腦中判定有趣的事物和多餘的事物。而且因為目前的公民媒體環境，他們擁有論壇可以（非常公開地）讓別人知道他們對你簡報的印象。他們的回饋也可能會很殘忍地誠實。所以如果你不編輯你的簡報的話，觀眾就會覺得挫折，而且他們或許會產生創意的猛擊，來把他們的想法發佈給他們擁有的上千位社交網路粉絲。一定要為觀眾編輯，他們並不想要一切。在你剪接的內容中表現簡潔是你的工作，為了讓簡報變得更好的緣故，就算你很愛它們也要放掉一些想法。

觀眾是在尖叫「說清楚」，不是「再多加一點」。你不會常聽到觀眾當中有人說，「如果這場簡報再長一點那就更好了」。在保留和傳達訊息之間極力取得平衡，正是區隔偉大的簡報者和其他人的秘訣。簡報的品質不只取決於你選擇包含的訊息，更取決於你選擇移除的訊息。

「每當你覺得有衝動想寫一篇特別好的作品時，就順從你的衝動，全心全意去寫，然後在把你的文稿寄給出版社之前刪除它。這就是『殺掉你親愛的寶貝』。

作家庫吉爵士（Sir Arthur Quiller-Couch）

從想法到訊息

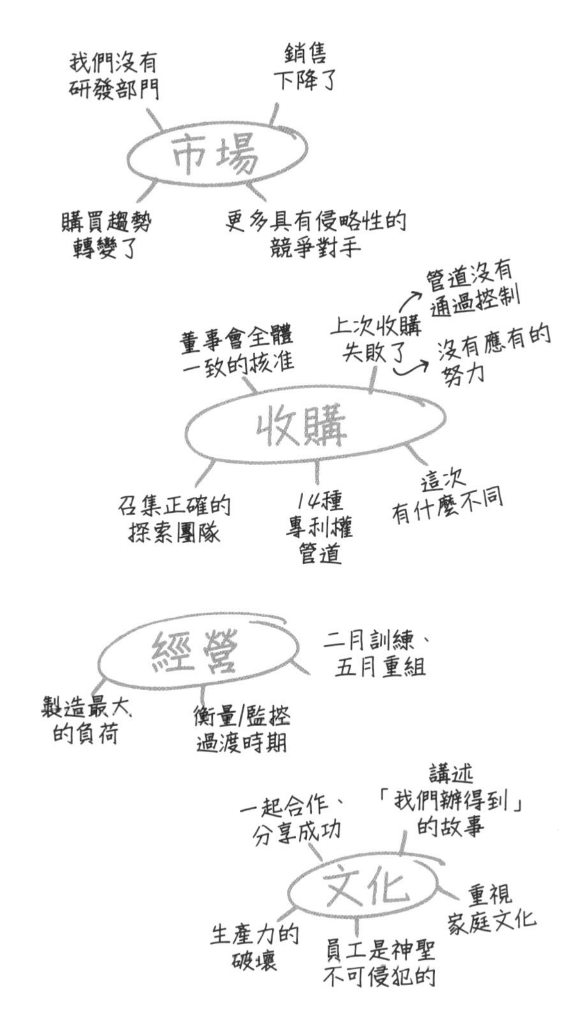

現在你已經編輯完內容了，你將會利用主題聚集它們，然後把主題轉換成離散的訊息。隨便拿一張沒用過的紙或是一疊便條紙，寫下三個左右可以支持大創意的主題，再把它們展開、給它們呼吸的空間。重點應該會在你做完所有研究之後腦袋中的第一位置，但是如果你得經過一番掙扎才能把它們限制到五個，那或許還需要一些內心的協商再殺掉一兩個親愛的寶貝。

每個主題都應該儘可能不要重疊。確保沒有任何和你的大創意有關的事物受到忽略。麥肯錫顧問公司有一種常用的思維程序，稱為**MECE分析法（Mutually Exclusive and Collectively Exhaustive, 彼此獨立又互無遺漏）**：

- **彼此獨立**：每個想法都應該彼此獨立，不能和別的想法重疊，否則你就會把觀眾搞糊塗。（「嘿，我們不是已經討論過收購了嗎？」）
- **互無遺漏**：不要遺漏任何想法。如果你計畫要談論你的競爭對手，你就不應該故弄玄虛地漏掉其中一個。觀眾會期待你表現得完整。

一旦你確定了關鍵的主題，就在每個主題周圍列出三到五個支持的想法。右手邊的例子可以說明一場宣布會在員工會議上傳達收購的簡報。

你一開始產生的主題通常會是單一的文字或是句子的片段。就像大創意不應該是個主題一樣，這些小想法也必須被轉變成訊息。再說一次，訊息應該要是「在情感上充滿電」的完整句子。主題是中立的，訊息才能引起激烈的反應。

現在你已經在主題周圍創造了成串的想法，你將會把主題轉變成針對每串想法的關鍵訊息。

每則訊息都應該儘可能以對比為特色，越多越好，才能有效傳達重點。

在左手邊那頁收購的例子中，第一個收購失敗了。它們不應該直接跳到討論新的收購（可能狀況），卻沒有承認第一個失敗的收購（現實狀況）。新的收購的訊息必須要包含認可從之前的失敗中學到的教訓，否則觀眾就會感覺好像這個新的收購也會失敗。

把主題改變成訊息可以確保內容會支持某個大創意，而且每則訊息都會擁有情感上的電力。在下一章中，你將會安排並且組織這些訊息。

這裡的例子是把上一頁的主題轉變成訊息：

主題	訊息
市場	我們有個具有侵略性的競爭對手正在霸佔市場佔有率。
收購	這次收購會成功，因為我們應用了上次收購得到的見解。
經營	經營會付出最大的代價，所以我們全都要好好支持他們。
文化	我們的文化很寶貴，而且會透過這次歷史性的改變鞏固。

大創意是一口井，所有支持的想法都會從中湧現，它也是過濾器，可以把想法分類成最適用的想法。大多數簡報都會因為太多想法而受苦，並不是因為太少想法。

就算你探索過幾百種潛在的想法、經過四面八方的搜尋，也不要傳達每一個想法，只要傳達最有力的想法就好。

專注在你必須傳達的那個大創意上，並持續不懈地建設支持那個大創意的內容。

[視覺溝通的法則 5]

利用大創意過濾掉所有共鳴頻率以外的頻率。

第 6 章

結構會透露出見解

建立好結構

現在你已經會創造有意義的訊息，但你要如何安排它們，才能產生最大的衝擊呢？你必須得用一種深思熟慮又有邏輯的方式建構它們才行。堅固的結構是簡報內容連貫的基礎，而且可以展現部分和整體之間的關係。它有點類似連結火車車廂的車鉤，或是穿起珍珠項鍊的細線，它讓一切用一種有條理的方式保持連結，就好像內容設計的目的就是要整齊地在提供的框架內組合在一起。如果沒有結構，想法就很容易被忘記。

「僅僅把一堆沒有經過組織的訊息丟到你的觀眾膝蓋上實在是很不明智的舉動。他們的反應會像是你把手錶拆開、然後把拆開的部分丟給他們說，『你們組裝手錶需要的一切都在這裡。』你或許會在研究和活力上得高分，但是這卻是品質低劣的安慰獎。這麼做你就是承認『你並不知道該利用你挖掘出的所有東西做些什麼』，觀眾期待的是結構。」

亨利．博丁

大多數的簡報應用程式都是線性的，而且會鼓勵使用者用連續的順序創造投影片。一旦投影片遵照順序，就會自然地迫使使用者專注在單一的細節上，而不是全面性的結構。為了幫助你的觀眾「看到」結構，你必須跳脫簡報應用程式的線性格式，創造一個你可以在其中仔細觀察空間上內容的環境。

有幾種方式可以做到這點。你可以利用便條紙、把投影片貼在牆上、或是把它們放在地板上。任何可以把你的內容拖離線性的簡報應用程式的方法都會有效。跳脫創造投影片的環境可以幫助找出漏洞，並且讓你專注在更大的全景上。這會幫助你的簡報從講述一堆微小的部分轉變成講述一個單一的大創意。

把你的內容分出群組，可以幫助你在視覺上評估各種不同的部分提供了多少份量，還有你需要多少支持的論點才能清楚解釋你的訊息。利用這個技巧來確認你確實有強調正確的內容，並且為每則訊息分配了恰當的時間。

記住，結構應該要配合觀眾的理解需求而調整，而且應該要用一種讓他們愉快的方式集合。對主題專家來說，準備連接在他們自己腦袋中緊密連結的想法的題材是很自然的，但是要記住，觀眾或許不會像你一樣迅速地看到這些關係。記得用一種你的觀眾跟得上的方式連結你的訊息，結構應該要感覺很自然，而且對他們來說是言之有理的常識！

這個部分會帶你走過各種不同的結構性策略，用來組織你的簡報。大多數沒辦法做到這點的簡報，就是因為結構上的缺陷，當結構有效的時候，簡報就會有效。如果某個部分很健全，另一個部分就會健全。好的結構可以幫助你找出缺陷，並且排除毫無準備的即席簡報。

言之有理的作法

很有可能你也曾經被那種漫無目的的簡報欺騙過。沒有經過組織的簡報會遵照一條看不見又神經質、只有簡報者看得懂的路徑。如果觀眾無法認出結構，通常是因為簡報者要不就是沒有時間組織信息，要不就是沒有努力用一種觀眾可以容易處理的方式包裝內容。

如果簡報就像隻兔子亂跑、只是繞著團團轉的道路，那它哪裡也去不了，而且會讓觀眾迷失在一個困惑、到處都是死胡同的迷宮中。

如果沒有結構，你的想法就不會堅固。結構可以加強你的思考，但是目前的許多簡報卻遠離結構的純粹和清晰。記得不要落入這樣的誘惑。

簡報最廣為使用的結構就是按照主題排列。有邏輯的樹狀圖和大綱是幫助具體展現結構常見的格式：

注意所有的支持訊息應該如何抓住較大的主題。論點會在一個統一的大創意底下團結一致，主題則從這個大創意串聯而下。

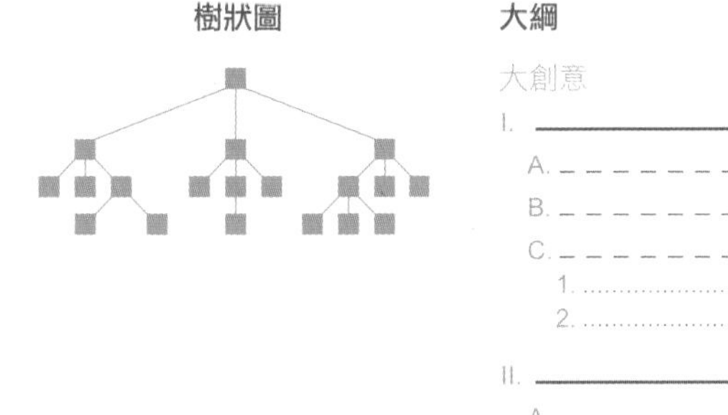

一家上市公司的行銷總監最近和我分享了一個她在幫她公司執行長設計訊息時做的修改程序。按照傳統作法，她和她的團隊會利用播放投影片把想法「傳遞」給執行長。大概播放三張投影片之後，他就一定會打斷他們，讓他們知道這部分或那部分內容應該要包含在內。如果他再堅持一下，他就會看到他最愛的得意內容就在裡面，但是如果沒有再看十五分鐘的投影片，他就不會看到。她笑笑地說，上次她和他一起工作的時候，她的團隊想到一個全新的主意，他們拋棄了投影片並且給他一份基本的大綱。他很快了解了結構，立刻看到他的得意內容，而且花了將近一個小時建立他們提出的想法。大綱萬歲！

全面性地觀察簡報結構有很多好處：

- 它會創造結構的快照，這樣你就能觀察整體而不是部分，這會讓你專注在概念上而不是細節上。
- 它會確保你產生一個由支持的主題支持的清楚的大創意。
- 它會過濾出離題的次要主題，它們或許會落在主題內，但是並不能純粹地支持單一的大創意。
- 它會幫助審查團隊快速地解讀結構和訊息，節省他們的時間，這樣他們就能提供更多深思的回饋。

組織上的結構

有幾種有趣的方式可以組織支持的內容。雖然最常見的是按照主題排列，但簡報的結構還是可以整合其他比較不常用的組織模式。這些模式可以被用來當作代替主題性結構的全面性結構、或是用來安排次要主題裡面的內容。

這四種結構擁有自然的故事般格式，可以創造對簡報的興趣：

- **按時間順序的結構**：根據它們的時間演進（往前或往後），安排和事件有關的訊息。如果就事件透露的時間來說，觀眾普遍明白這個主題，這就是最適合使用的結構。
- **連續的結構**：根據某個程序或是循序漸進的順序來安排訊息。這個結構通常會用在報告上或是用來描述計畫的首次展示。
- **空間的結構**：根據事物如何在實際的空間內彼此關聯來安排信息。
- **漸層的結構**：根據重要的順序來安排訊息，通常會從最不重要的論點移動到最重要的論點。

這四種結構擁有本來就是格式其中一部分的對比，對說服性的簡報來說很有效：

- **疑難解答**：利用敘述問題、接著敘述解決方案來安排訊息。確立有問題可以幫助說服人們改變的需要。
- **比較對照**：根據兩件或兩件以上的事如何彼此不同或相似來安排訊息。當訊息被放進這個背景裡時，見解就會浮現。
- **因果關係**：安排訊息以便展現各種狀況不同的原因和結果。當你要促進行動解決問題的時候，這個結構會很有效。
- **優勢劣勢**：把訊息安排到「好」、「壞」的分類中。這個結構可以幫助觀眾衡量一個議題的兩面。

記得選擇最能讓你的訊息言之有理的組織結構。無論你使用的是哪一個結構，都要用清楚的口頭或視覺線索、釐清你們現在所在的地方和你要帶他們前往的地方，引導觀眾走過這個結構。

個案研究：理查・費曼
最精彩的「重力」講座

理查.費曼在加州理工學院的講座不只吸引了熱情的主修物理的學生，也吸引了並不主修物理、只是為了好玩來上他課的學生（就物理課來說，這可是前所未有的現象）。他容易理解的溝通風格為他贏得了「偉大的解釋者」的稱號。

在一次英國廣播公司（BBC）對他的訪問中，費曼解釋了他組織他的講座的方式：「你問我怎麼教他們最好？我是從科學史的角度教他們呢，還是從應用的角度教他們？我的理論是，最好的教育方式是法無定則，用任何可能的方法去教，不拘一格……這也許有點混亂，讓你迷惑，不過這是我所能給的唯一答案。你要在教學的過程中，用不同的辦法抓住不同的學生。比如這個人對歷史感興趣卻討厭抽象的數學，另一個人則喜歡抽象而討厭歷史，如果你能擇類而教，他們就不會煩，這樣你就從頭到尾都很從容了。」

費曼之所以能夠把對比帶到他的講座中，是因為他同時擁有高度發展的分析性和情感性的一面。即使他獲得了諾貝爾獎、設計了形象化的方法來描述粒子、協助研發原子彈、還預測過奈米科技，他還是會定期演奏邦哥鼓。他認為他最寶貴的資產是他父親灌輸給他源源不絕的好奇心。「父親教導我要去觀察事物，」費曼曾經說過，「我像個孩子，一直在尋找那些驚奇，我知道我會找到。」幽默和好奇心就是費曼一再利用的情感，才能呈現一幅迷人又平衡的科學景象。

在每場講座中，費曼不只從他的腦袋，也發自他的心靈與人們溝通。

分析性策略：

- **發出信號：**費曼會利用經過組織的信號來幫助學生明白講座結構上的片段如何組合在一起。他會在開頭敘述結構，然後在轉換到新的重點時，利用帶有修辭色彩的問題和口頭信號。

- **分項敘述：**他會打破一些部分成為區塊，敘述他將要提出多少論點，然後清楚表達他在講座進行的過程中會包含什麼論點。

- **具體展現：**費曼習慣使用35厘米的投影片和黑板，但是他不會過度使用它們。他會利用誇張的手勢和聲音效果伴隨他的講座，而不是寫滿難懂記號的黑板。

情感性策略：

- **驚奇：**費曼孩子般的好奇心驅使他迷上科學，同時也影響他的講座帶有驚奇的詩句，不只針對科學也針對人生。費曼不會只講述物理、他對講述主題、還有自然壯觀的美麗和光輝都傳遞了驚奇。

- **幽默：**費曼擁有自謙的幽默感和熟練的技巧，使他得以編織和主題有關的幽默。他知道一個讓人愉快的故事往往會比一場很有邏輯的講座更容易被接受。他幾乎會在他講座中的每個遞增中插入幽默。

後面兩頁的波形圖反映出費曼運用對比的能力。WWW

理查．費曼（Richard Feynman）
加州理工學院教授

費曼的波形圖

就像你已經學到的，「對比」對於保持觀眾的注意力來説是不可或缺的。費曼的講座就是説明對比和結構很好的例子。有些學術性主題就是沒辦法對照現實狀況和可能狀況，除非它們把現實狀況的基礎放到幾場講座上。

在這場針對重力定律的講座中，費曼巧妙地組合對比，用幾近完美的時機在事實（數學）和背景（歷史）之間來回移動。嚴格來説，這張波形圖應該是一張平板的現實狀況線條。所以我們會假裝我們將畫面拉近線條，更近距離地觀察事實和背景之間的對比。（請上www看費曼這場前瞻性的簡報，它確實在現實狀況和可能狀況之間來回移動。）

費曼利用精心計畫的驚奇句子，表達他對這個主題的熱愛：「這個定律曾被稱為『人類心靈所達成過最偉大的推論』。由我剛剛的介紹，你們應該可以猜到，我真正感興趣的不是人類的心靈，而是能遵循像重力定律這麼美妙而簡單定律的大自然奇蹟。因此，我們的注意力將集中於大自然是多麼聰明地關照到這個定律的存在，而不是我們人類有多聰明而能夠發現它。」

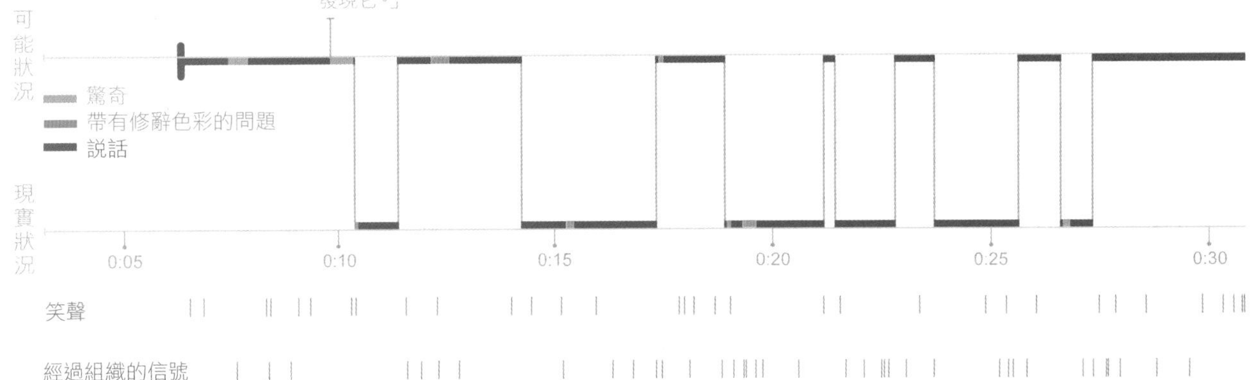

對觀眾發出信號
上面的記號代表許多這場講座如何組織的信號，他使用了三種類型的組織信號。

引言
「我要和各位探討的是……」「我想談的是……」「我挑選了……」「在這個講座裡，我想……」

新的關鍵點
「首先，……」「接下來，」……「同一期間，……」「下一個觀點……」「譬如，……」「接著，……」「進一步，……」「另外，……」「接下來的問題是，……」「另外又出現了一個問題，……」「鼓起勇氣吧！」

結語
「所以這變得很明顯……」「所以產生了一個有趣的提議……」「但是最讓人印象深刻的事實是……」「最後，……」

讓觀眾思考
從講座開頭到結尾，費曼一直用這類帶有修辭色彩的問題點綴成結構上的策略：「那我們要講的這個重力定律到底是什麼？月球對地球的作用力給平衡掉了，問題是被什麼平衡掉了？所以這個定律有什麼問題？」

創造驚奇的感覺
「這是天空中最美的物體之一，就像海洋波浪以及落日一樣的美。」

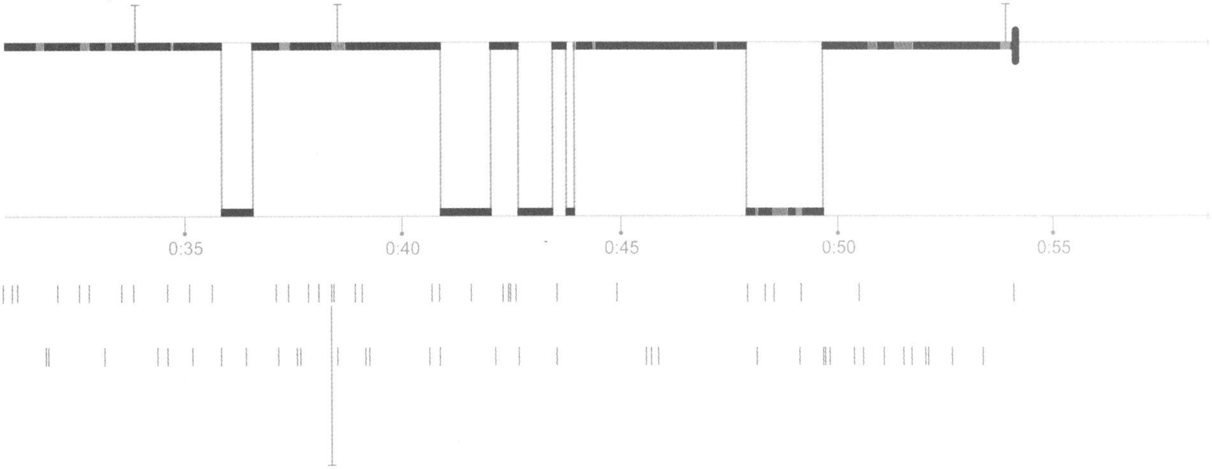

嶄新的幸福
「大自然只用最長的線去編織她的圖樣，所以每一小片的織紋，都吐露出整塊織錦的組織規律。」

0:35 0:40 0:45 0:50 0:55

利用笑聲吸引他們
費曼在他的講座中注入有趣的評論，好讓學生保持專注。他讓他的音調不像權威大師、有一點結巴、同時還開了一個玩笑：「我已經說明了重力可以延伸到非常大的距離，可是牛頓說，所有的物體都會吸引其他一切物體。我有吸引你們嗎？不好意思，我的意思是說，我在物理上（雙關語，指「肉體上」）有吸引你們嗎？我不是那個意思，我的意思是……」

製造「衝擊」：調整訊息的順序

簡報的結構可以驅使出想要的結果。你在哪裡把一則訊息和另一則訊息聯想在一起，還有你聯想的方式，將會創造意義並決定其他人接收它的方式。巧妙地安排訊息會創造一種情感上的吸引力，導致簡報最後想要的情感衝擊。

下面的例子是第三季的財務狀況簡報。大多數公司會定期傳送這些報告來傳達對企業目標所做的進展。注意「採取……」敘述的是員工應該感覺有信心並且受到激勵而幫忙。

大創意	**拋棄……**		**採取……**
第三季的收入下降了，我們依然保持領先，但是如果我們減慢速度，我們就會喪失市場佔有率	不確定公司的未來	→	有信心我們會成功
	財務上的分散產生低的生產力	→	受到激勵在下一季創造更好的產品

讓人變得消極的結構

這個結構並不會激勵觀眾，讓他們覺得有信心他們會成功。

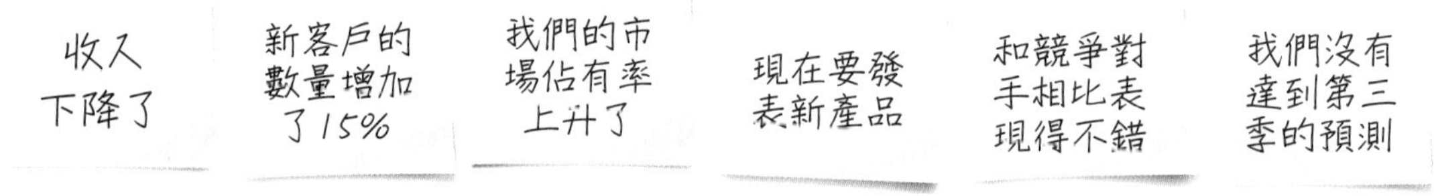

收入下降了	新客戶的數量增加了15%	我們的市場佔有率上升了	現在要發表新產品	和競爭對手相比表現得不錯	我們沒有達到第三季的預測
歡迎各位來聽第三季的財務狀況。我只想讓你們知道第三季的收入下降了，謠傳是真的。	數字下降了，但是聽著，我們新客戶的數量增加了百分之十五，太棒了，幹得好，各位。	我們的市場佔有率上升了，所以狀況還不錯。	而且你們可以在這一季生產一些新產品，我已經準備好因此為你們感到驕傲了。	比起我們的競爭對手，我們表現得不算太糟。	這一切都發生在分析師預測我們會下降的一季中，所以這是意料之內的。謝謝你們今天來參加，祝你們有愉快的一天。

文稿（上表第二列）

讓人變得積極的結構

現在看看用不同的順序呈現同樣的題材，再補上少量的情感面吸引力。只消簡單的結構上轉換和興高采烈的驚奇就可以改變簡報的語氣和結果。每個重點都建立在前一個重點的基礎上，並且用激勵人心的高潮達到頂點。

我們沒有達到第三季的預測	新客戶的數量增加了15%	收入下降了	和競爭對手相比表現得不錯	我們的市場佔有率上升了	現在要發表新產品

文稿

歡迎各位來聽第三季的財務狀況。當預測者觀察這一季的時候，他們說我們的產業，尤其是我們公司，是不會動的小引擎。他們說我們無法上升。	儘管如此，我們已經動搖了景氣衰退中的市場！去年我們新客戶的數量增加了百分之十五，事實上，其中有四家新客戶是大型的跨國公司，它們已經在我們的目標清單上長達三年了！	沒錯，收入下降了，但是讓我們看看背景狀況：經濟在衰退、我們的產業跟著經濟走，所以也衰退了，我們的公司是這個產業的領導者而且跟著產業走，所以我們的收入當然也會下降。	但是比起我們的競爭對手，我們表現得如何？超級公司下降了百分之十二、杜博公司下降了百分之八。我們下降了多少？〈停頓〉我們只下降了百分之二。	所以這對我們的市場佔有率有什麼影響？我們產生了重大的獲利，不只在國內、還有國外。 就算市場已經承受了充滿混亂和不確定的一季，你們還是讓這一季成為我最驕傲的時刻之一。	看看我們第四季將要推出的產品，哇，是不是很美？在這樣的市場崩壞幅度下創造驚人的產品，需要創新和堅持，而你們做到了！如果你們在不確定的環境中都可以這麼有創意，我實在等不及看到當市場狀況好轉的時候你們會有什麼表現。我們不只是顆會動的引擎，我們還是沒辦法被阻止的引擎！

訊息建構的方式會對結果產生差別。

創造情感上的對比

當簡報傳達出情感對比和訴求時，觀眾就會喜歡它。然而，大多數簡報都缺乏這個元素，因為它需要額外的步驟，而且可能會是很難包含的元素。

在情感上讓觀眾參與在內，可以幫助他們和你還有你的訊息形成關係。根據彼得．古柏所說的，「企業領導者必須意識到，觀眾實際上對說故事的人產生的反應，是故事本身還有講述故事的方式整體的一部分。共有的情感反應（歡笑的叫囂聲、恐懼的尖叫聲、驚慌的喘氣聲、憤怒的喊叫聲）是說故事的人必須學習如何從頭到尾精心安排、才能吸引感覺和情感的約束力量。」

在分析性和情感性內容之間來回移動，是另一種形式的對比。記住，對比對於讓觀眾保持感興趣很重要。在這兩者之間切換可以創造對比。

簡報內容的形式

下面的兩個欄位會列出典型的簡報內容。世界各地的電腦硬碟裡總是塞進取自左手邊欄位的投影片，但是只有極小比例的簡報會利用取自右手邊欄位的投影片。

分析性內容

圖表
特色
數據
證據
範例
個案研究
樣本、陳列品
系統
程序
事實
支持的文件

情感性內容

傳記或虛構的故事
好處
類比、隱喻、趣事、寓言
道具或表演
懸疑的透露
震驚或嚇人的敘述
能讓人產生共鳴的影像
引起驚奇或驚訝
幽默
驚喜
提議、交易

仔細看看左邊的清單中任何一個分析性的主題，它們一般不會具有情感上的電力—既不讓人痛苦也不會使人高興。但是它們全都可以用一種把傳統上分析性的題材轉變成情感性題材的方式呈現。比如說，一個簡單的圖表，在一個較大的圈圈裡面有一個小圈圈，就可以表達此處「發生了收購」。圖表是中立的，除非你講述「收購公司要花多大的努力」的類似故事，或是雙方為了促進收購展現的行為有多勇敢等。數據純粹是分析性的，除非你解釋為什麼會有上下起伏存在的理由。

對照分析性和情感性的內容

我們再回顧一下前幾頁的第三季財務狀況簡報。典型的每季財務狀況簡報會充滿數據和類似報告的題材，不太可能讓員工和訊息產生連結。

以下就是之前的例子中分析性的訊息如何修改的方式：

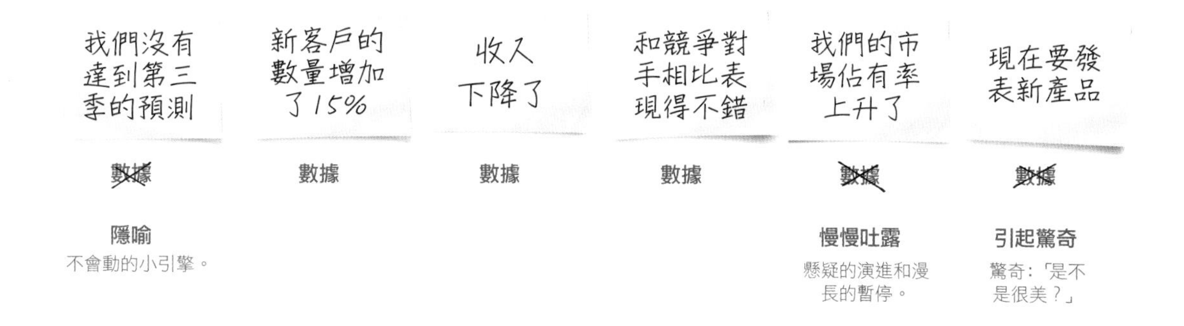

詳細清點你的投影片，並找出任何可以從分析性轉變成情感性的內容，在任何恰當的地方改變它。

就像在電影中，轉換的情感被稱為「節奏」。節奏是電影中最小的結構性元素，一個場景裡可能會有好幾個節奏，場景會經過分析以便確保每個場景裡都有情感的轉換。編劇會仔細確保情感在痛苦和高興之間轉換，這樣觀眾才會保持專注。

在分析性和情感性內容之間來回移動也可以用同樣的方式吸引簡報的觀眾。

對照表達方式

媒體和娛樂事業長期的轟炸，已經讓我們轉變成一種沒有耐心的文化。娛樂事業持續地粗製濫造新奇、創新的方式來霸佔我們的腦袋和心靈，提供我們各種逃跑的途徑。

觀眾已經變得習慣迅速的移動、急促的場景變化、還有讓心臟狂跳的電影配樂。這些娛樂事業上的進步已經為視覺和感官的刺激立下很高的期待，而且逐漸破壞我們「在講者侃侃而談的同時，專注地坐上一個小時」的能力。大多數的人在十分鐘內就會開始坐立不安，希望他們手上有遙控器可以切換到一些比較有趣的主題。

把表達方式從傳統上一路朗讀投影片換變成比較不照慣例的方式，可以讓觀眾保持感興趣，並且創造驚喜的元素。記得利用交替的媒體、多重的簡報者、還有互動讓你的談話保持有活力，但是要注意這些模式上的改變需要經過仔細規劃。這幾種方式可以也應該要發生在一個小時內。

獲得觀眾注意並讓他們能保持注意的關鍵，就是使某些新奇的事不斷發生。這會創造出一種某些事一直在「繼續」的感覺。改變表達方式可以包含在舞台上的實際行動。因為我們天生的戰鬥或逃跑的本能，人們會感覺不得不仔細看視覺上的事件。改變媒體、替換簡報者、或甚至像誇張的姿勢一樣簡單的改變都會為觀眾創造變化並保持他們的興趣。

過度使用投影片會削弱人性連結的力量。正因為真正的人性連結很少見，當你面對面作簡報的時候就應該充分利用時間。只要他們覺得和你有互動，觀眾就會認為一場簡報是成功的。減少你對投影片的依賴可以幫助促進這種連結的感覺。

混合使用傳統的及不傳統的方式表達，就能創造對比：下面這張清單就是形成對比的表達方法。你可以看到利用非傳統的方式表達會如何讓簡報變得更有趣。

傳統的	非傳統
舞台	
會是主要事件	分享主要事件
隱藏在講台後面	自由地漫步
照原來的樣子使用舞台	把舞台當做背景使用
風格	
嚴肅的企業語氣	幽默和狂熱
有限的表達方式	誇大的表達方式
單調	聲音和速度變化多端
視覺效果	
朗讀投影片	把投影片的重要性降到最小
靜態的影像	移動的影像
講述你的產品	對他們展現你的產品
互動	
把中斷降到最小	規劃中斷
抗拒現場的回饋	接受即時的回饋
要求安靜	鼓勵交流
內容	
對特色的熟悉	對特色的驚奇和敬畏
沒有缺陷的知識	自謙的幽默
冗長的漫談	難忘、標題大小的短片
參與	
單向的表達方式	民意調查、大叫、玩遊戲、寫字、畫畫、分享、唱歌、還有問問題

請儘可能利用變化，越多越好，好讓簡報保持很有趣。混合這些變化也可以創造對比！

在銀幕上演出你的故事

你終於來到了簡報創造過程的最後一個步驟。現在你所有的訊息都很清楚而且經過組織，該是時候安排投影片的次序了。

在打開簡報軟體之前，記住以下的注意事項：

每張投影片只有一個想法：每張投影片都應該只有一則訊息，沒有理由在一張投影片裡塞進好幾個想法。投影片的總數很自由，照你的需要想放幾張投影片就放幾張。給予每個想法在舞台上專屬於自己的時刻。每次你前進到下一張投影片的時候，觀眾都會在視覺上重新受到吸引，所以配置幾張步調適中的投影片，會在你每次點擊的時候重新誘惑他們。

保持簡單：在紙上或便條紙上畫出你的想法形象化的表現。你要在簡報軟體中創造它們之前，把你的想法限制在小草稿中會引導你產生簡單、清楚的文字和圖畫（當做概念的證據）。就算你沒有圖片，螢幕上美妙的大字體也好過密集的單調散文。

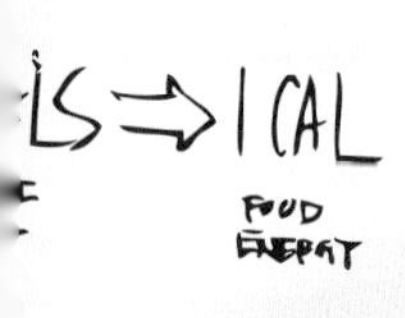

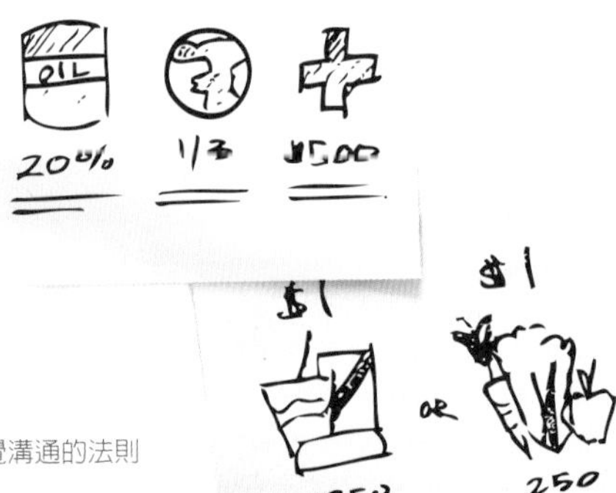

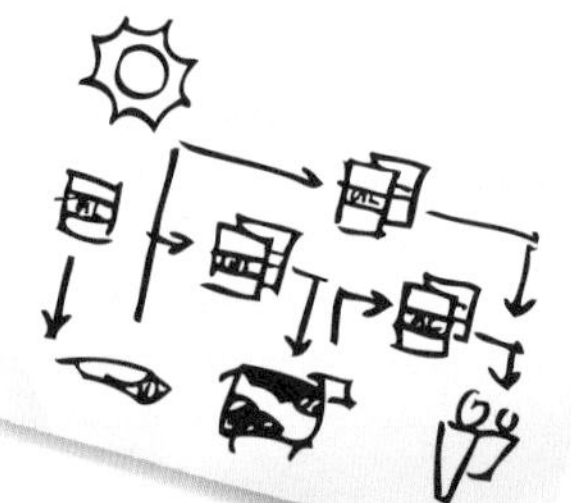

把文字轉變成圖畫：如果你明白投影片上的文字彼此之間的關係，把文字轉變成圖畫就會很容易。仔細觀察你的其中一張投影片，每部分的內容都會和其他內容有某種關係，因為當你在彙整投影片的時候，會「感覺」好像它們屬於彼此。把投影片上的所有「動詞」或「名詞」圈起來，仔細思考它們彼此之間的關聯。很有可能它們形成的關係會落入下面其中一個分類。

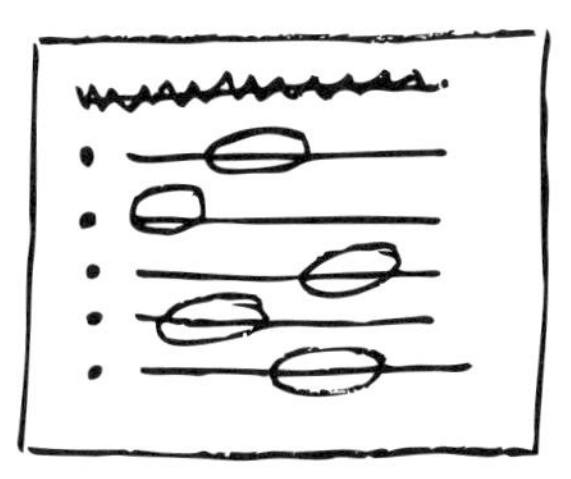

把投影片中的動詞或名詞圈起來，判定它們彼此之間的關係。

各種不同的形象化關係典型

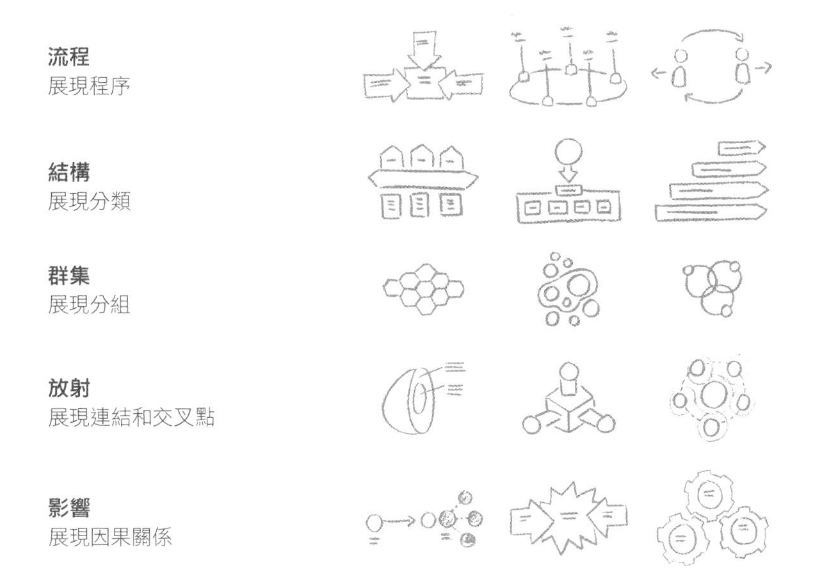

注意：如果你想深刻了解如何創造投影片，那就去找這兩本書：賈爾．雷諾茲（Garr Reynolds）所著的《簡報藝術2.0》（Presentation Zen）還有敝人所著的《投影片大學問》。

復習簡報的好步驟

如果你在前兩章當中，已經有用便條紙收集並組織你的想法，這就是過程看起來應該有的樣子：

產生想法	過濾想法	把想法分群	創造訊息	安排訊息
收集、創造、並且記錄想法，越多越好。	過濾出可以支持你的大創意最好的想法。	利用主題把想法分群。	把主題轉變成具有句子的格式、能引起激烈反應的的訊息。	把訊息排列成能夠創造最大衝擊的順序。
112頁到131頁	132頁到133頁	134頁到135頁	134頁到135頁	140頁到148頁

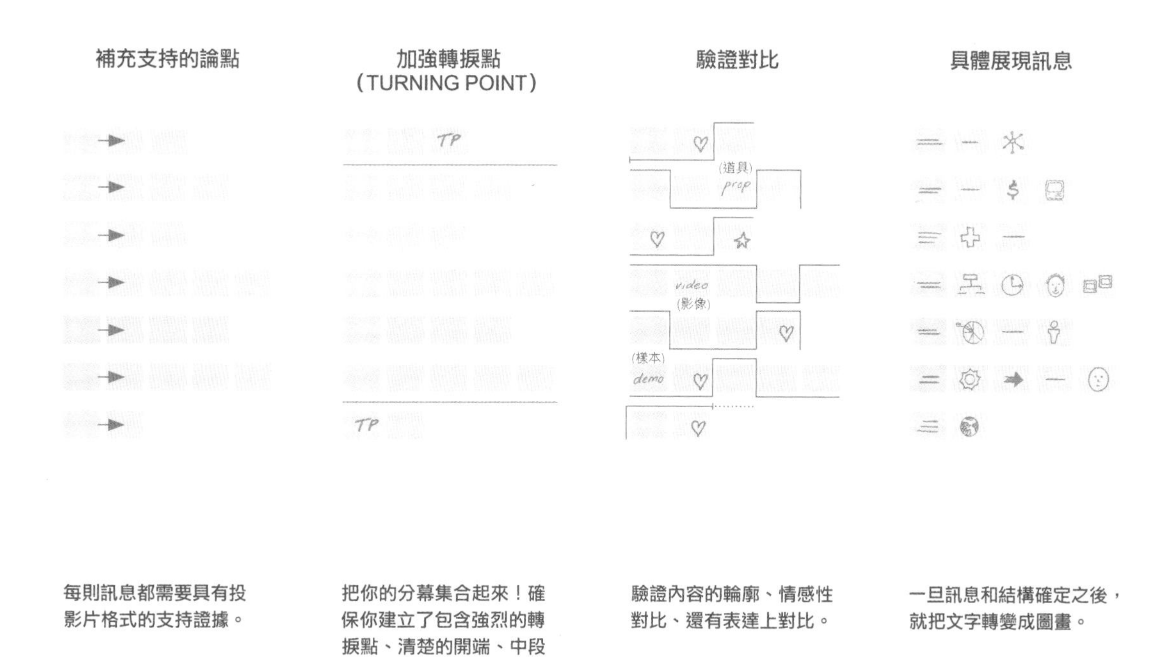

補充支持的論點

每則訊息都需要具有投影片格式的支持證據。

142頁到143頁

加強轉捩點（TURNING POINT）

把你的分幕集合起來！確保你建立了包含強烈的轉捩點、清楚的開端、中段還有結尾的簡報。

52頁到53頁
56頁到59頁

驗證對比

驗證內容的輪廓、情感性對比、還有表達上對比。

60頁到61頁
150頁到151頁

具體展現訊息

一旦訊息和結構確定之後，就把文字轉變成圖畫。

154頁到155頁

一切事物都有與生俱來的結構，葉子、大樓、甚至冰淇淋各自都有（分子的）結構。結構會驅使一切事物的外形和表現，對簡報來說也是一樣。它們建構的方式會決定觀眾理解它們的方式。對結構的改變，不論是巨大還是微小，都會改變對內容的接受程度。

為了驗證結構，把你的簡報拖出線性的投影片製作環境，在空間上全面性地仔細觀察結構，確保它很完整，然後再安排能產生最大衝擊的流程。

好的結構會允許你的觀眾遵循你的思考過程。如果你沒有建立清楚的結構，那你最後就會到處亂跳、隨機和對觀眾來說並不清楚的想法產生連結。堅固的結構會讓想法有邏輯地連貫，幫助觀眾看到重點如何和彼此連結。

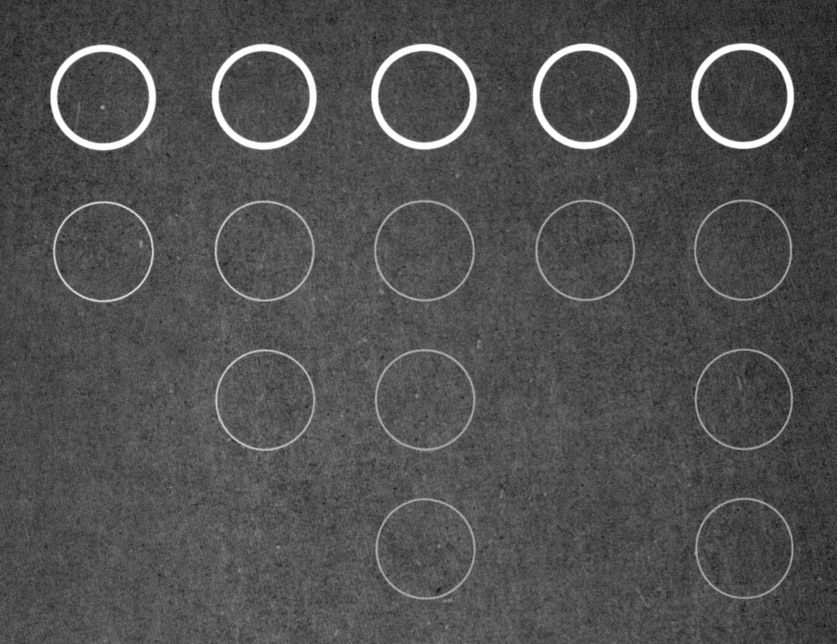

[視覺溝通的法則 6]

「結構」的威力，
比它每個部分加起來的總和更巨大。

第 7 章

發表人們會永遠記得的事

創造S.T.A.R.時刻！

記得在每場簡報中創造某個時刻，讓你可以引人注目地把大創意講清楚、刻意地安排一些他們會永遠記得的事情，這就是「S.T.A.R.時刻」。這個時刻應該要非常地意義深遠或是引人注目，它才會成為觀眾會在茶水間閒聊的話題，或是出現在新聞報導的標題上。在簡報中安插S.T.A.R.時刻，會讓對話即使在結束之後依然保持進行，並且幫助訊息變得有感染力。

因為你或許會對看過很多簡報的觀眾作簡報，比如某個風險投資家或是正在審查好幾位賣家的顧客，你會希望在你作簡報完畢兩星期之後、他們要做最後決定的時候脫穎而出。你會希望讓他們記住你這個人，而不是他們見過的所有其他簡報者。

S.T.A.R.時刻應該是在簡報當中意義深遠、真誠而且具有啟發性的時刻，才能幫助你放大你的大創意，而不是分散觀眾對它的注意力。

S.T.A.R.時刻總共有五種類型：

- **難忘的演出：**小型的表演可以傳達見解。它們可以像道具或樣本一樣簡單，也可以是比較引人注目的事物，比如重演或是滑稽的短劇。
- **可以重複的片段：**小型、可以重複的片段可以有助於提供新聞記者標題、把見解移入社群媒體管道的並且賦予它們能量、還有提供員工集體呼喊的機會。
- **引發共鳴的畫面：**一張圖片實際上抵得過千言萬語，甚至千萬種情感。令人注目的影像可以成為對你的信息難忘的連接。
- **激起感情的說故事方式：**故事會用一種人們記得住的方式包裝信息。把某個偉大的故事依附到大創意上，可以讓它很容易在簡報的範圍以外重複。
- **令人震驚的統計數字：**如果統計數字很令人震驚的話，不要掩蓋它們，要引起觀眾對它們的注意。

S.T.A.R.時刻不應該很庸俗或是陳腔濫調。要確保這個時刻有價值並且恰如其份，否則它最後就會表現得像是真的很糟糕的夏令營短劇一樣。一定要了解你的觀眾並且決定什麼事物最能夠和他們產生共鳴。如果你的觀眾是生物化學家，就不要創造會過度引發情感上激烈反應的事物。

S.T.A.R.時刻會在觀眾的腦袋和心裡創造誘餌，它們在本質上往往會栩栩如生，並且會提供觀眾可以補充單單只有聽覺上訊息的見解。

著名的S.T.A.R.時刻

理查·費曼

理查．費曼曾經協助調查過挑戰者號太空梭災難，他很快地指出某個關鍵的「O型環失效」是爆炸可能的原因。為了說明他的論點，他彎曲並夾住一段橡膠製的O型環，隱密地把它放到一杯冰水中。等到某個完美選擇好時機的時刻，他鬆開夾子並且在橡膠緩慢地變直的過程中說，「長達超過幾秒鐘的時間內，當它處於32度的溫度時，這個特別的材料並沒有彈性。」新聞記者為之瘋狂，因為它應該要在毫秒內就產生擴張。www

比爾·蓋茲

透過他的慈善方式，比爾．蓋茲希望解決世界上其中一些重大的問題，包括瘧疾。在他2009年的TED演說中，蓋茲明確地說明這個疾病的嚴重性、敘述有數百萬人死亡，有兩億人在任何特定的時間內因這個疾病而受苦。接著他敘述為富人們投入研發治療禿頭的資金，就超過為窮人們投入對抗瘧疾的資金。當時，他放出了一罐蚊子到房間裡，然後說：「沒有理由只讓窮人們體驗這種感覺。」www

賈伯斯

賈伯斯是用迷人方式發表蘋果產品的高手。2008年1月，他在發表會上說：「這就是MacBook Air，它是如此纖薄，竟然可以放進各位在辦公室隨處可見的牛皮紙信封袋。」說到這裡，賈伯斯走向舞台旁邊，拿起一個信封袋，從裡面抽出一部MacBook Air。觀眾為之瘋狂，照相機快門響個不停，鎂光燈此起彼落。賈伯斯說：「各位可以感覺到它有多薄，但是它仍有標準尺寸的鍵盤與螢幕，是不是很神奇？它是全世界最薄的筆記型電腦。」

麥可・波倫（Michael Pollan）
《到底要吃什麼》（The Omnivore's Dilemma）和《食物無罪》（In Defense of Food）的作者

個案研究：麥可．波倫
[難忘的食物解謎]

麥可．波倫是天生的説故事高手，他教導人們食物從何而來。他的著作《到底要吃什麼》和《食物無罪》，重新塑造了美國人對於現代食物系統的想法。

波倫二〇〇九年秋天在「砰！科技」(Pop!Tech) 大會上演説時，其中有某個特別的論點，他希望可以讓他的觀眾留下深刻印象。於是他和他的團隊計算了「製作一個速食的雙層起司漢堡需要用到多少原油」。那是一個很驚人的數量，而他希望這個訊息可以被牢牢記住。

簡報剛開頭，主持人介紹他的時候，波倫拿著一家速食連鎖店的紙袋走上舞台。「這是之後要用到的一點小東西」他說。他把紙袋放在舞台中間的桌子上，開始進行他的簡報，這個舉動因此讓觀眾留下對桌子上的道具的懸疑感覺。

之後，當波倫提到油和食物供應之間的關聯時，他説，「我想要讓你們看看，在製作這個[起司漢堡]的過程中加入了多少油。」他從紙袋裡拿出漢堡，接著他拿出一個空的八盎司玻璃杯，還有一個裝滿油的容器。他把油倒進玻璃杯，「但是這不是全部，你還需要另外八盎司。」他伸手到桌子底下拿出第二個玻璃杯，接著他又倒了一次油、再倒一次。總計來説，要製作一個雙層起司漢堡總共需要用到26盎司的油。www

讓觀眾看到漢堡就放在用來製作它的原油旁邊，是個很讓人不安的畫面，下次他們要做食物選擇時，觀眾幾乎肯定會記得這個畫面。

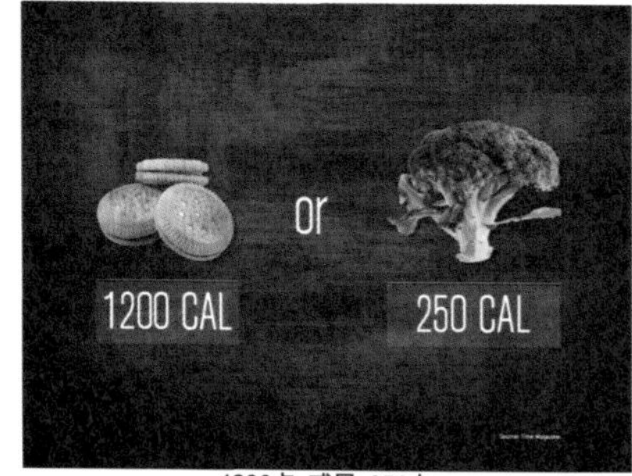

1200卡 或是 250卡

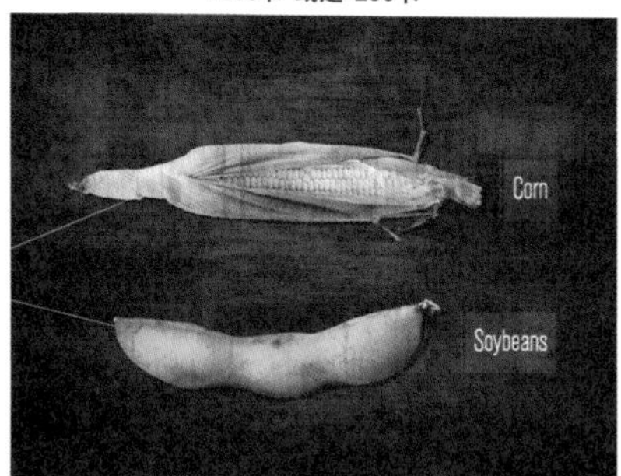

玉米 / 毛豆

= 26盎司的油

可以重複的片段

如果人們可以輕易回憶、重複、並且傳遞你的訊息，就表示你已很成功地把訊息傳達出去了。為了達到這個目標，你應該要在你的簡報裡插入一些簡潔、清楚而且可以重複的片段，讓觀眾可以毫不費力地記住它們。

一個經過徹底思考的片段可以創造S.T.A.R.時刻，不只針對那些在場的觀眾，還針對那些會透過轉播或是社群媒體管道看到你的簡報的人。

- **新聞報導**：調整你的演說中的關鍵字句，讓它們和新聞報導發表的語言一致。逐字地重複關鍵的訊息可以確保新聞記者會挑選正確的片段，對於任何可能會拍攝你的簡報的攝影團隊來說也是一樣。記得確保你有插入一段至少15到30秒的訊息，而且非常突出到記者會覺得它很明顯，而且應該在報導中特別強調它。
- **社群媒體**：創造乾淨俐落的訊息。把觀眾當中的每個人想像成一個小型的廣播電台，能夠一再重複你的關鍵概念。有些看起來最無知的觀眾在他們的社群網路中其實擁有五萬名粉絲，當一個片段被傳送給他們的粉絲時，它就可以被轉寄成千上百次。
- **集體呼喊**：精心製作一個小型、可以重複、可能成為口號和大眾的集體呼喊的字句，試著推廣你的想法。歐巴馬總統的選舉口號「我們做的到」（Yes We Can）就來自於早期選舉期間的一場演講。

花時間仔細地精心製作一些含有好記字句的訊息。比如說，尼爾．阿姆斯壯（Neil Armstrong）利用登陸月球和踏上第一步之間的6小時又40分鐘精心製作出他的言論。所有具有歷史重要性或是成為新聞標題的字句，並不只是如同變魔術般地出現在當時，它們其實是經過謹慎地規劃才說出的。

等你精心製作出訊息之後，有三種方法可以確保觀眾會記住它：第一，不只一次地重複這個字句。第二，在訊息當中加入一段暫停，給觀眾時間寫下你說的每一個字。還有最後，把字句投射到投影片上，如此一來觀眾不只會在口頭上接收訊息，也會在視覺上接收訊息。

下面是一些可以創造出難忘的片段的修辭策略。

- **模仿名言**：金科玉律：己所不欲，勿施於人。

  模仿：如果你自己都不想在一場簡報上從頭坐到尾，就不要把它拿來對別人發表。

- **重複出現在系列開端的文字**：「那是最好的時代，也是最壞的時代；是智慧的年代，也是愚蠢的年代……」
  狄更斯，《雙城記》（A Tale of Two Cities）

- **重複出現在系列中段的文字**：「我們四面受敵，卻不被困住；心裡受苦，卻不至失望；遭逼迫，卻不被丟棄；打倒了，卻不至死亡……」
  使徒保羅，哥林多後書（Apostle Paul to the Corinthians）

- **重複出現在系列結尾的文字**：「這個民有、民治、民享的政府，能夠永存於世。」
  亞伯拉罕．林肯，〈蓋茲堡演說〉（Gettysburg Address）

「在人類戰爭史上，還從來不曾有如此多的人從如此少的人那裡得到如此之大的好處。」

溫斯頓．邱吉爾（Winston Churchill）

「如果他戴不進去，你們就必須判他無罪。」

強尼．柯克蘭（Johnny Cochran）

「戈巴契夫先生，拆除這堵牆！」

美國總統雷根

「這是個人的一小步，人類的一大步。」

尼爾．阿姆斯壯

「我像蝴蝶一樣飄動，像蜜蜂一樣叮刺。」

穆罕默德．阿里（Muhammad Ali）

引發共鳴的畫面

影像可以引發完整範圍的情緒、從痛苦到高興。**雖然利用具有說服力、描述性的文字也是創造影像的一種方式，一張照片或是插圖卻經常會在觀眾的心裡和腦中留下更生動的印記。**當人類的腦袋回憶起影像的時候，同時也會回憶起可以聯想到影像的情緒。

你的簡報可以利用一個大型的全螢幕影像來傳達某個論點，或是把影像配對，以便創造出衝突的情緒，就如右頁的例子。

最近有兩個重大活動透過在手指沾上墨水的影像、經過國際性規模的宣傳。其中一個活動，手指沾上墨水是為了避免重複投票，至於另一個活動，手指沾上墨水則是要「專橫地進行投」票。這兩個活動各自都引發了非常不同的情緒。

二〇〇五年一月三十日：自從薩達姆．海珊（Saddam Hussein）的政權崩潰之後，伊拉克人第一次進行投票。激進份子企圖引爆數量足以讓巴格達震動的炸藥，想要阻止這場投票。驕傲的人民高舉他們的紫色指頭（表示他們已經投完票了）<當作支持民主並且挑釁恐怖威脅的手勢。

二〇〇八年六月二十七日：羅伯．穆加貝（RobertMugabe）在辛巴威的總統大選中被打敗之後，他要求舉辦一場決定性投票，他是這場投票中唯一的候選人，而且決心要透過詭計、貪汙、以及威嚇控制權力。辛巴威的投票人被要求必須展現他們沾上墨水的手指，以便證明他們有投票。如果他們不這麼做的話，他們就可能遭到毆打並且被迫投票，而且要是他們落入政府特務的手中，將會面對嚴重的後果。

當然，回憶像上述故事一樣的真實事件很有效，但是若利用影像往往會傳達更具情緒的力量，這是文字無法比擬的，尤其當其中包含了民主和專制之類抽象的議題時。

保護國際組織	
我們百分之八十的氧	140億磅的垃圾

保護國際利用夢幻的海洋影像和沖刷到海灘上的垃圾並列。這個對比很刺激並且迫使觀眾明白為什麼海洋如此重要、準備好採取行動來改善政策、改變企業的慣例、並且在他們日常生活中做出更好的選擇。

這些手勢和墨水很相似，但是在情感上卻有完全不同的意義。

伊拉克婦女感覺很喜樂、自由，而且挑釁。

辛巴威婦女感覺很害怕、受到威嚇、而且挫敗。

個案研究：約翰．奧伯格牧師
[激起情感的說故事方式]

說故事的方式可以創造情感上的黏著劑，讓觀眾和你的想法產生連結。每個星期創造獨特、鼓舞人心的訊息非常吃力，所以門羅公園長老教會的約翰．奧伯格牧師非常依賴他自己的人生故事來說明他的訊息。

奧伯格如同註冊商標的風格和吸引力其中很大一部分，就是把故事編織進他的訊息中的能力。他在製作他的訊息和對精心製作說話和故事花的時間幾乎一樣，就像織錦一樣。他研發出一種由經文支持的主要主題，接著從頭到尾仔細地編織個人的故事。這和織布機的經線和緯線非常相似，主要主題和經文把緯度的訊息連接在一起，故事就像紗線一樣來回穿梭移動，創造出一種織錦的樣式。

接下來幾頁分析他的講道是我第一次聽到奧伯格發表的內容。www他講道的結構和感動我的能力激起了我的興趣，主要主題是「人可以藉由表現愛把天堂的國度帶到這個世上。」他在講道當中點綴了幾個故事，但是有一個主要故事一再被提到，而且從頭到尾都經過仔細地編織：關於他妹妹的碎布娃娃潘蒂的故事。在開端講述完碎布娃娃的故事（請看下面）之後，他繼續利用它當作在講道中從頭到尾提到破爛時的黏著劑。

這個主要故事傳達出，即使「他們」的狀況很破爛，人們還是想要被愛：

「現在潘蒂的頭髮已經差不多掉光了、掉了一隻眼睛、也缺了一隻手臂，但是她依然是我妹妹芭比最愛的娃娃。她不是個非常有價值的娃娃，我想就算送人也沒人會要。她也不是一個非常有魅力的娃娃，事實上，她有點髒。但是就像小孩常有的舉動、基於沒人可以明白的理由，芭比就是很愛這個小小又破爛的娃娃。所以芭比吃東西的時候，潘蒂會在她旁邊，芭比睡覺的時候，潘蒂會在她旁邊，芭比洗澡的時候，潘蒂也會在她旁邊。愛芭比就得愛她的碎布娃娃，這是整批的交易。其他娃娃來來去去，只有潘蒂是我們的家人。

「這就是愛可以有多強烈的表現。有一次，我們從伊利諾州的洛克福一路前往加拿大度假。當然，我們帶了潘蒂一起去。等我們回到家的時候，我們才發現潘蒂沒有跟上回程，潘蒂留在加拿大的旅館裡。沒有其他選項可以考慮，我父親直接把車掉頭，我們又從洛克福開到加拿大去找回那個娃娃，因為她是我們深愛的家人。她不是個很聰明的家人，的確，但卻是深愛的家人。我們找回了潘蒂。

「潘蒂從來就沒有太大的價值。到目前為止，她的外表已經毀損到唯一合乎邏輯的舉動就是丟掉她、擺脫她。但是芭比卻用一種讓那個娃娃對任何愛芭比的人來說變得珍貴的愛在愛她，愛芭比就得愛她的碎布娃娃，這是整批的交易。

「她不是因為潘蒂很漂亮才愛潘蒂，是她的愛讓潘蒂變得漂亮，而她用這樣的愛在愛她。」

奧伯格利用回到開頭故事的前提結束了他的講道。讓會眾回到開頭的敘述會把他們帶到他們開始的地方，得到嶄新、經過啟發的見解，讓故事變得更有意義也更完整。

約翰．奧伯格
門羅公園長老教會牧師

奧伯格的波形圖

建立可能狀況

說完碎布娃娃的故事之後，他把這個故事和人類的愛如何作用在世上與天上的愛如何作用在世上畫上等號。「有一種愛會尋求被愛的事物的價值。有一種愛會接近它愛的物體或是人物，因為那個人很有吸引力或是那個物體很昂貴、很重要、可以給我地位或是讓我感覺很好。有一種愛會尋求被愛的事物的價值，也有一種愛會創造被愛的事物的價值。」

重複主題

奧伯格用碎布娃娃的主題第二次刺激會眾，他說如果你愛神，你就必須愛祂的碎布娃娃，因為沒有人是完美的。「耶穌只有一個要求，基督徒的信仰其實並不複雜，是我們把它變得這麼複雜。它並不是火箭科學，約翰是這麼形容它的：『既然神這麼愛我們，我們也應該要愛彼此。』耶穌說，『愛我，就得愛我的碎布娃娃。』這是整批的交易，你不能只要其中一個卻不要另一個。」

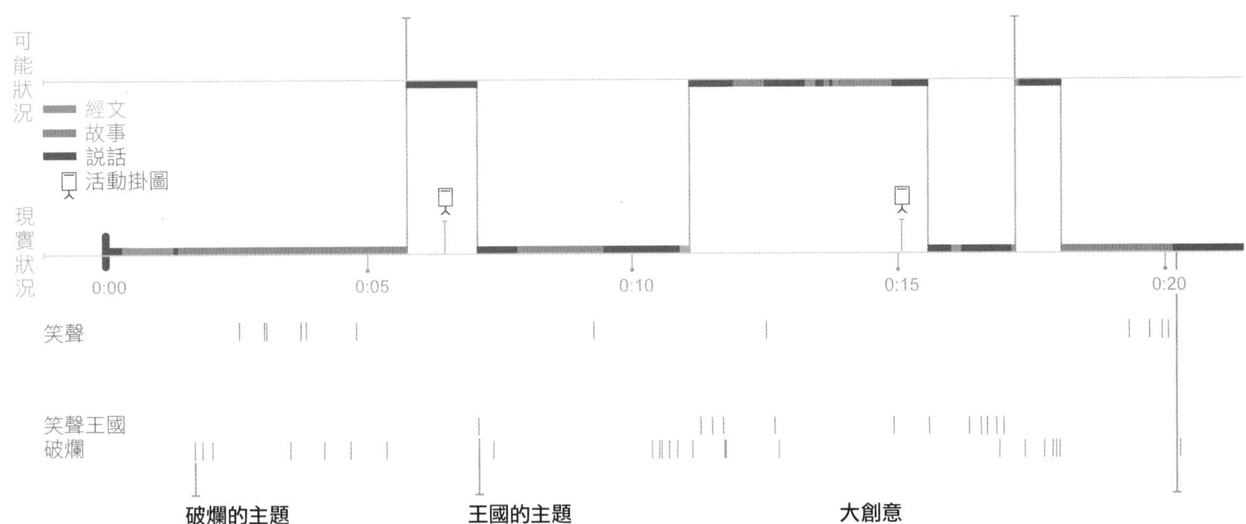

破爛的主題

奧伯格利用一些話強調碎布娃娃故事中的概念，以便表達重點，人們雖然殘破，卻依然可愛且值得被愛。

王國的主題

奧伯格利用王國當作主要主題，他好幾次對照人們在世上相愛的方式以及展現在神的王國裡的愛的種類之間的差別。

大創意

奧伯格把故事和經文編織在一起，用來傳達他的訊息，但是很仔細地從他的講道開頭到結尾一再重述他的想法。他把會眾帶回愛的主題：「想知道如何讓神失望嗎？只要不愛別人就行了。」

行動的號召

奧伯格下結論的方式是說服會眾說，一個人的價值取決於「別人有多麼愛他們」。所以他挑戰會眾打給某個還沒跟他們說過「我愛你」的人。「有一種愛會尋找被愛的事物的價值，尋找閃耀、富裕、而且讓人印象深刻的事物，但是也有一種愛會拿起碎布娃娃，縫縫那裡補補這裡……或許你現在就知道你生命中有某個人需要聽到你說『我愛你』。在那天來臨之前，你必須看著某個人的眼睛，或者你必須拿起電話或是拿起筆來。有某些話你必須說出口。」

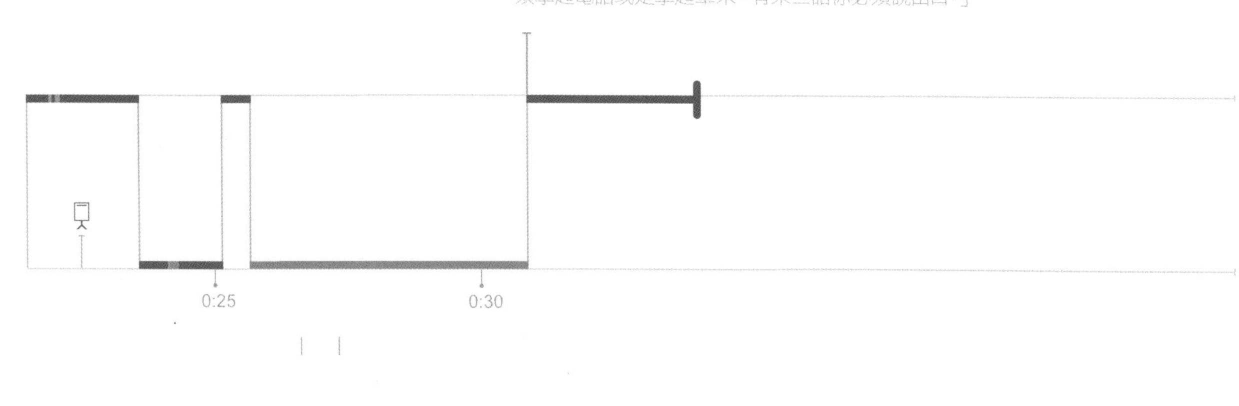

感性時刻

在他的講道過程中，奧伯格有兩度激動得說不出話。其中一次是他重複一首歌中的詩節時，還有一次是在講道結尾的時候，他傳達他要求會眾做到的事有多重要時。

個案研究：勞奇基金會
[令人震驚的統計數字]

二〇〇二年，一小群長島的市民、學術界、勞工以及企業領袖聚集在一起，討論這個區域面對的挑戰以及它針對新方向的潛力。由於這些會議，勞奇基金會（The Rauch Foundation）資助了長島指標（Long Island Index）的收集並出版針對長島地區的數據。他們的運作原則是「只要用中立的方式呈現良好的訊息，就可以改變政策。」其目標是要利用吸引公眾從地區性的角度思考這個地區的未來，當成激起人們行動的催化劑。

雖然「長島指標」已經提供了有關過去和現在的寶貴數據，但基金會想要驅使人們行動，讓未來變得更好的期待，卻一直沒看到太多成效。

長島當地的報紙《新聞日報》報導說，「去年，（長島）指標的創辦人南西．勞奇．杜茲納（Nancy Rauch Douzinas）挑戰人們採取一種「我們來對這件事做點什麼」的態度。但是這種態度，還沒有被行動實現出來，所以指標正在採取一種它自己的態度。它還是會中立地呈現數據，不會選邊站，但是它會更積極地試圖確保，當年度簡報結束、室內燈光打開之後，它傳達的想法和急迫感不會結束。」

所以在二〇〇一年指標的新聞發表會上，勞奇基金會拉出了關鍵的統計數字，並且把訊息整合到簡報當中。用影像生動地表達關鍵的統計數字，幫助傳達了「用更好的環境結果」促成人們行動所需的創造力和急迫感。這場標題取名為「時間正在滴答作響」的四分半鐘簡報，展現了一個接一個傳達想法的影像：長島正處在穩定的衰退狀態中，必須做點什麼，而且就是現在！www

「長達七年之久，長島指標製作了許多充滿事實和數字的報告，告訴人們我們地區的進步多麼貧乏。當我們轉換到用視覺的方式說故事時，反應非常的刺激。信息是一樣的，但是新的格式用一種情感上的急迫傳達了議題。視覺的故事感動了居民，並且推選出官員用一種明白已經沒有時間可以損失的了解來處理問題。」

南西．勞奇．杜茲納
勞奇基金會主席

(WE ARE LOSING)
High paying jobs in finance and manufacturing and replacing them with low paying jobs in retail

（我們正在喪失）金融業和製造業高薪的工作，並用零售業低薪的工作取代它們

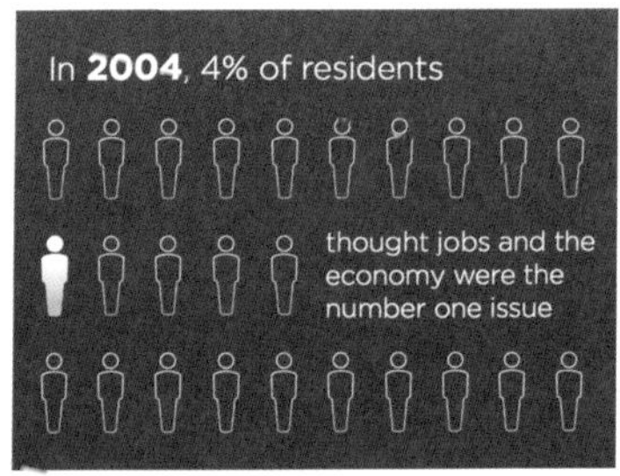

二〇〇四年，百分之四的居民認為職業和經濟是頭號議題

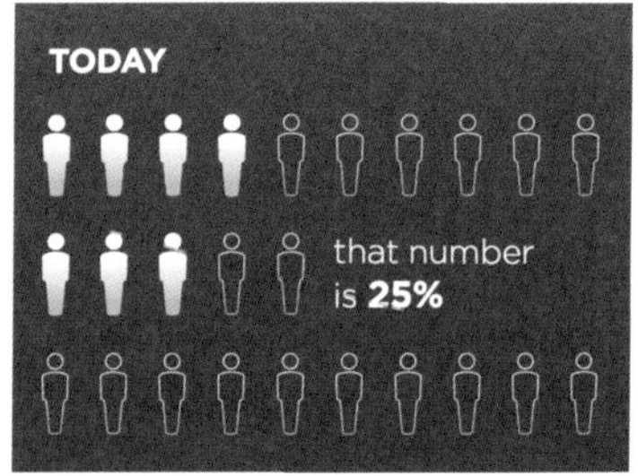

到了今天
這個數字是25%

21%的家庭

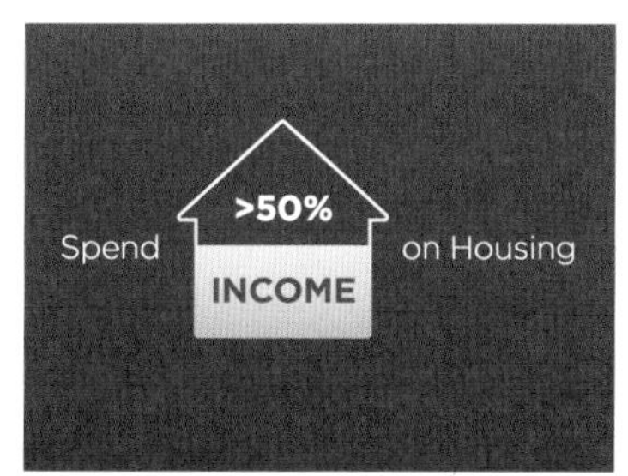

花了超過50%的收入在房子上

到了今天，48個家庭會開始它們對自己家裡贖回權取消的程序

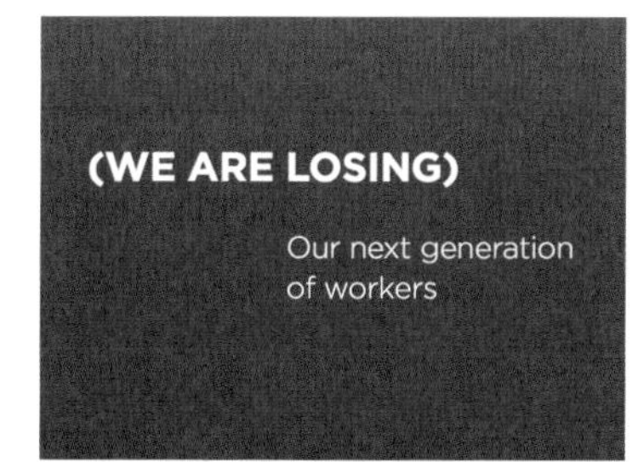

（我們正在喪失）我們下一代的工作者

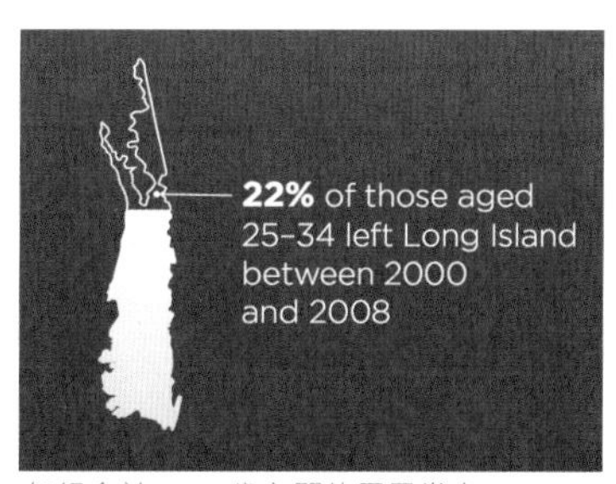

年紀介於25-34歲之間的居民當中，22%的人在二〇〇〇年到二〇〇八年間離開了長島

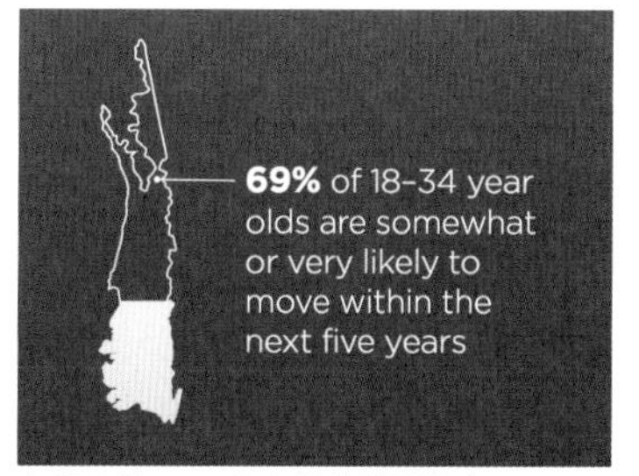

年紀介於18-34歲之間的居民當中，69%的人有點或非常可能會在接下來五年內搬遷

每分鐘7,610元

每分鐘我們的經濟會消耗7,610元

長島的時間正在滴答作響

賈伯斯
前蘋果公司執行長

個案研究：賈伯斯
2007年的iPhone發表會

賈伯斯擁有一種不可思議的能力，可以讓觀眾的投入顯得簡單而自然。他的簡報會抓住觀眾專心的注意力，長達一個半小時甚至更久，可以做到這點的簡報者少之又少。

「史帝夫·賈伯斯不是在發表簡報，他是在貢獻經驗。」

《大家來看賈伯斯》作者卡曼．蓋洛（Carmine Gallo）

賈伯斯以他出色的行銷才華著稱，他讓觀眾以一種瘋狂的興奮狀態來到簡報現場，而且他出色地利用生動的懸疑和吸引人的表達方式把他們留在現場。就這點來看，這對一個企業執行長來說是很罕見的技巧，對任何人來說也是。

賈伯斯會在他的每場簡報中刻意建立期待，曾有人如此描述他的簡報準備工作：「複雜先進到難以置信的地步，涵蓋行銷宣傳、產品示範、企業宣傳，再加上宗教熱忱。」**這幾年來，他已經利用過各種類型的S.T.A.R.時刻。下面是他二○○七年發表iPhone的簡報中所使用的四種類型。** www

- **可以重複的片段：**賈伯斯在揭曉iPhone的主題簡報當中，「重新發明了手機」這句話說了五次，蘋果的公關新聞稿也出現過一樣的話。他介紹iPhone的各項功能之後，再一次對觀眾耳提面命：「我想各位只要拿到這支手機就會同意，我們重新發明了手機。」隔天，《電腦世界》（PC World）雜誌刊登了一篇文章，標題就宣稱蘋果即將「重新發明手機」。
- **令人震驚的統計數字：**賈伯斯不只會敘述很大的數字，他還會把數字的規模放到觀眾可以明白的背景資料裡。「我們每天賣出的歌曲超過五百萬首，是不是很不可思議？一天五百萬首歌耶！等於一秒鐘賣出五十八首歌曲，而且每一秒鐘、每一分鐘、每一小時、每一天賣個不停。」
- **引發共鳴的畫面：**他說「今天蘋果要重新發明手機……」，接著他展現一幅搞笑圖像：一張iPod的照片，但是上面沒有轉盤，只有一個老式的電話號碼盤，這時觀眾大笑。

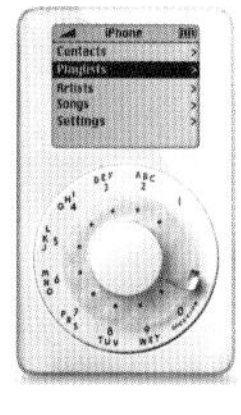

- **難忘的演出：**過去，賈伯斯曾經從他的口袋裡掏出iPod、從辦公室的牛皮紙信封袋裡抽出MacBook Air。這次發表iPhone，產品本身的特色更是創造了生動的時刻。iPhone上新的使用介面非常地創新，所以他第一次使用捲軸特色的時候觀眾都倒抽了一口氣。之後，賈伯斯說道，「不久之前我在蘋果對某個人做展示，我完成展示之後說，『你覺得怎麼樣？』他這樣告訴我：『你把我轉暈了。』」

請注意178到179頁，他的簡報中的部分如何集中在「可能狀況」上。沒有多少簡報者可以維持其中的氣勢，但是他卻用緊湊地複述的展示保持觀眾的興趣，展現創新的新功能，並且用幽默而意料之外的方式展現它們。請看153頁表達對比的主要清單，賈伯斯也在他的簡報中整合了其中的許多表達方式。

注意：杜爾特設計公司沒有和賈伯斯合作。會選擇這個例子是因為它在歷史上的重要性，那是一場發表空前最偉大的產品之一的簡報。

賈伯斯的波形圖

建立可能狀況

「兩年半以來，我一直在期待這一天。每隔一段時間，就會出現一種改變一切的革命性產品……今天，我們要介紹三種革命性的產品。第一種是觸控式的寬螢幕iPod，第二種是革命性的手機，第三種是突破傳統的網際網路通訊裝置。我們有三種新產品：觸控式的寬螢幕iPod、革命性的手機、突破傳統的網際網路通訊裝置。iPod、手機、網際網路通訊。iPod、手機──各位明白了嗎？它們不是三種不同的裝置。只有一種裝置，我們叫它iPhone。」

利用懸疑引惑他們

賈伯斯擁有一種神奇的能力可以創造懸疑的感覺。整整十五分鐘，他檢視了iPhone的硬體功能，方法是在手機關機的時候點擊瀏覽裡面的照片。沒錯，關機的時候！當他最後讓iPhone運轉並第一次展示捲軸的功能時，觀眾倒抽了一口氣並且爆發熱烈的掌聲。

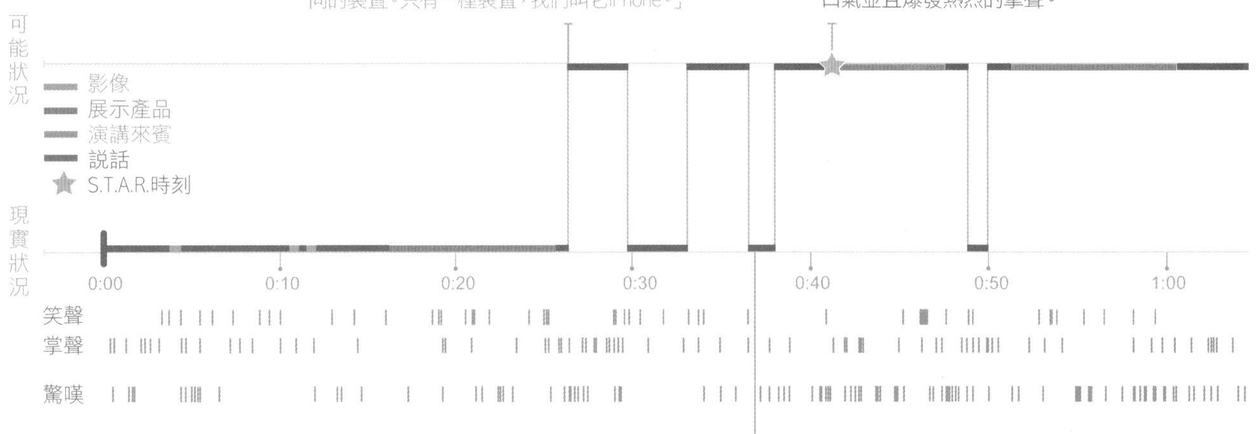

建立現實狀況

賈伯斯用完美的格式鋪陳出現實狀況。他提出了對市場和幾個產品表現的更新狀況：英特爾的轉換、零售商店、iPod、iTunes、以及Apple TV。他展示了最近剛推出的Apple TV。

創造對比

賈伯斯在演說中好幾次利用比較iPhone和市場上現有產品的功能，回到現實狀況， 用來放大這個突破的重要性。

讓他們保持投入

當賈伯斯展示新功能時，他不只介紹所有功能的核對清單，他還規劃了聰明的情節。大約每隔三十秒，他就會利用真實使用者會使用的方式完成一個任務來展現一個新功能。他在一位同事打給他的同時打給另一位同事，他查看他的視訊語音信箱，播放高爾寄來恭喜他發表會的訊息，他打去星巴克訂四千杯拿鐵咖啡外帶。他在他的展示裡總共變換了47次任務，使它成為一場相當精采的展示。

嶄新的幸福

賈伯斯結束他的簡報時，已經熱切地讓觀眾從現實狀況轉變到可能狀況。但是他沒有就此打住，他提醒觀眾蘋果歷年來推出的革命性產品，並且向他們保證他們會再次做到。他的結尾為一個嶄新的開始確立了舞台。「我昨天晚上根本沒有闔上眼，我非常興奮地期待今天，因為我們很幸運可以在蘋果工作。我們擁有一些真的很具革命性的產品。一九八四年推出的麥金塔是當時曾參與的我們永遠不會忘記的經驗，我想全世界也都不會忘記。二〇〇一年推出的iPod改變了有關音樂的一切。二〇〇七年我們要用iPhone再度做到這點，我們為此感到非常興奮。我很喜歡冰上曲棍球巨星葛瑞茲基（Wayne Gretzky）的一段話：『我滑向球即將前去的地方，而不是它已經到過的地方。』蘋果的每一位同仁都應該這麼做，從我們創業之初到未來都是如此。非常、非常謝謝你們。」

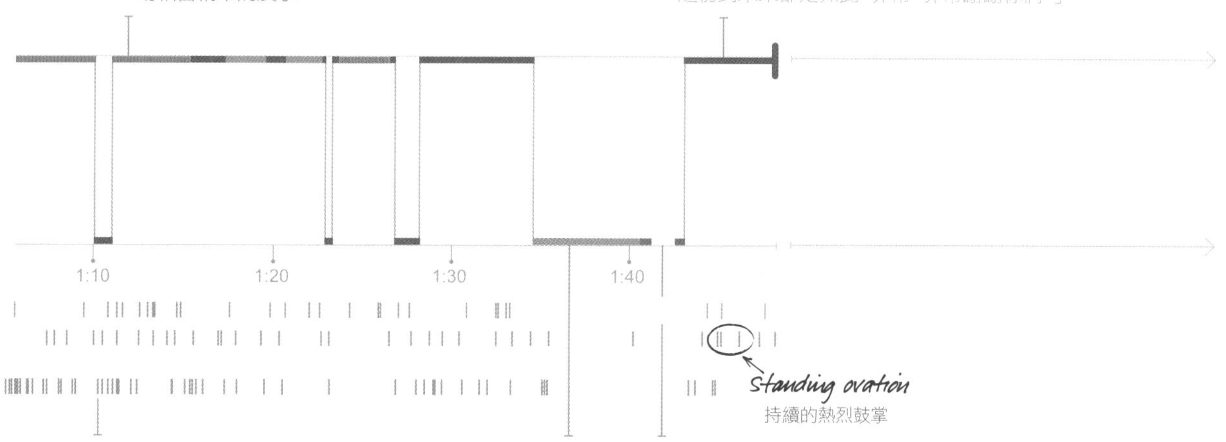

讓他們感到驚訝

賈伯斯利用插入會讓觀眾產生對產品的驚奇的話，創造出一種驚奇的感覺。舉幾個他使用的語言的例子：「這是對第一批產品的革命，讓你的手機真正擁有真實的網路！……是不是很棒！……所以我們覺得這非常酷……我們設計出一種很棒的產品，拿在你手裡感覺真的很棒……相當的棒。」

邀請演講來賓

賈伯斯邀請了三位夥伴到場。前兩位輕而易舉地完成了他們的演講部份，但是辛格樂公司（Cingular）與AT&T無線通訊部門的執行長卻照著備忘稿逐字逐句照本宣科、不斷重複已經說過的話， 而且比他原本預計的演說長度瞎扯了更久。真是糟透了。

保持靈活

當遙控器沒有反應的時候，他暫停下來、微笑、 然後用有趣的故事填滿修理遙控器需要花的時間，講述他和史蒂夫．沃茲尼克（Steve Wozniak）還在讀高中的時候，曾經利用一個叫做電視干擾器的小玩意，對毫無察覺的大學生惡作劇。卡曼．蓋洛說：「藉由這段一分鐘的故事，賈伯斯透露他生平罕為人知的一面，讓自己更具人性色彩、更平易近人，也更為自然。而且賈伯斯從來不會驚慌失措。」

如果發表完一場簡報後，每個人都興奮地在茶水間熱烈討論、或是你的簡報出現在頭條新聞、或是社群媒體網站挑選了你的簡報，真的是很棒的感覺，於是突然之間，有好幾百萬人已經看過了你的簡報。

能夠被重複的簡報，其中一定具有令人難忘的時刻。這些時刻不是自己發生的，它們是經過排練並且規劃，才能擁有恰當的分析性和情感性吸引力的份量，同時吸引觀眾的心靈和腦袋。

想迷住你的觀眾，就在你的簡報中規劃一個時刻，提供他們一件他們會永遠記住的事情。

[視覺溝通的法則 7]

「難忘的時刻」一再重複與發送，這樣它們才能涵蓋更長的距離。

第 8 章

永遠都能追求更好！

放大訊號，縮小噪音

簡報對觀眾廣播訊息的方式，大致上很類似廣播節目對聽眾安排節目的方式。因此，訊號的強度和清晰度就決定了它能夠傳給預期接收者的程度。溝通是一個複雜的過程，信號可能會在其中的許多時間點故障。一旦一則訊息離開它的傳送者之後，它就很容易受到干擾和噪音影響，這可能會遮蔽訊息原來的目的，並且危害到接收者辨別意義的能力。

溝通具有以下的部份：傳送者、傳送的過程、接收的過程、接收者，還有噪音。在這個過程中的任何一個階段，訊息都可能會變得扭曲。你應該優先考慮的事，就是要確保傳遞訊息的信號盡可能地免除噪音或干擾。

簡報的發展運作的方式也是一樣。過程中的每一個步驟不是加強信號，就是創造可以導致觀眾不予理會信號的噪音。

我自己的高科技生涯是從一九八四年開始，傳送訂做的高頻率電纜配件。每條電纜都是經過訂做設計的，以便符合一張廣泛的規格清單。每個工程師和工廠員工的任務，就是要確保製造過程中的每個步驟可以降低噪音的幅度，保護信號的品質。我們測試過原料、隔離過配備有高級材料的電線、並且製造了鍍金的終端器。我們在每個階段對一切小題大做，接著在出貨之前測試過一切。如果它沒有落在嚴厲的組抗容忍度內，我們就不能出貨，因為它不能為客戶的應用效力。一個微小的錯誤就會讓電纜變得沒有用。

對於創造一場偉大的簡報來說也是一樣的。信號和噪音的比例是一個很重要的因素，可以決定你的訊息被接收的程度，而且把噪音降到最小是你的工作。如果觀眾接收到一則包含任何干擾的訊息，他們就會接收到扭曲的信息。在溝通過程中的每個步驟，你必須花費精力把噪音降到最小，才能確保一則清晰明瞭的訊息可以傳達到你的觀眾心裡。

有四種主要類型的噪音可能會干擾你的信號：可信的噪音、語意的噪音、經驗的噪音、還有成見的噪音。右頁的圖表顯示各種不同噪音在溝通中發生的位置。你的工作是要在過程中的每個步驟，盡可能把噪音降到最小。

這一節我們要處理一些創造噪音的因素。噪音可以透過仔細的規劃和排練進而降低或消除。

噪音在溝通中的作用

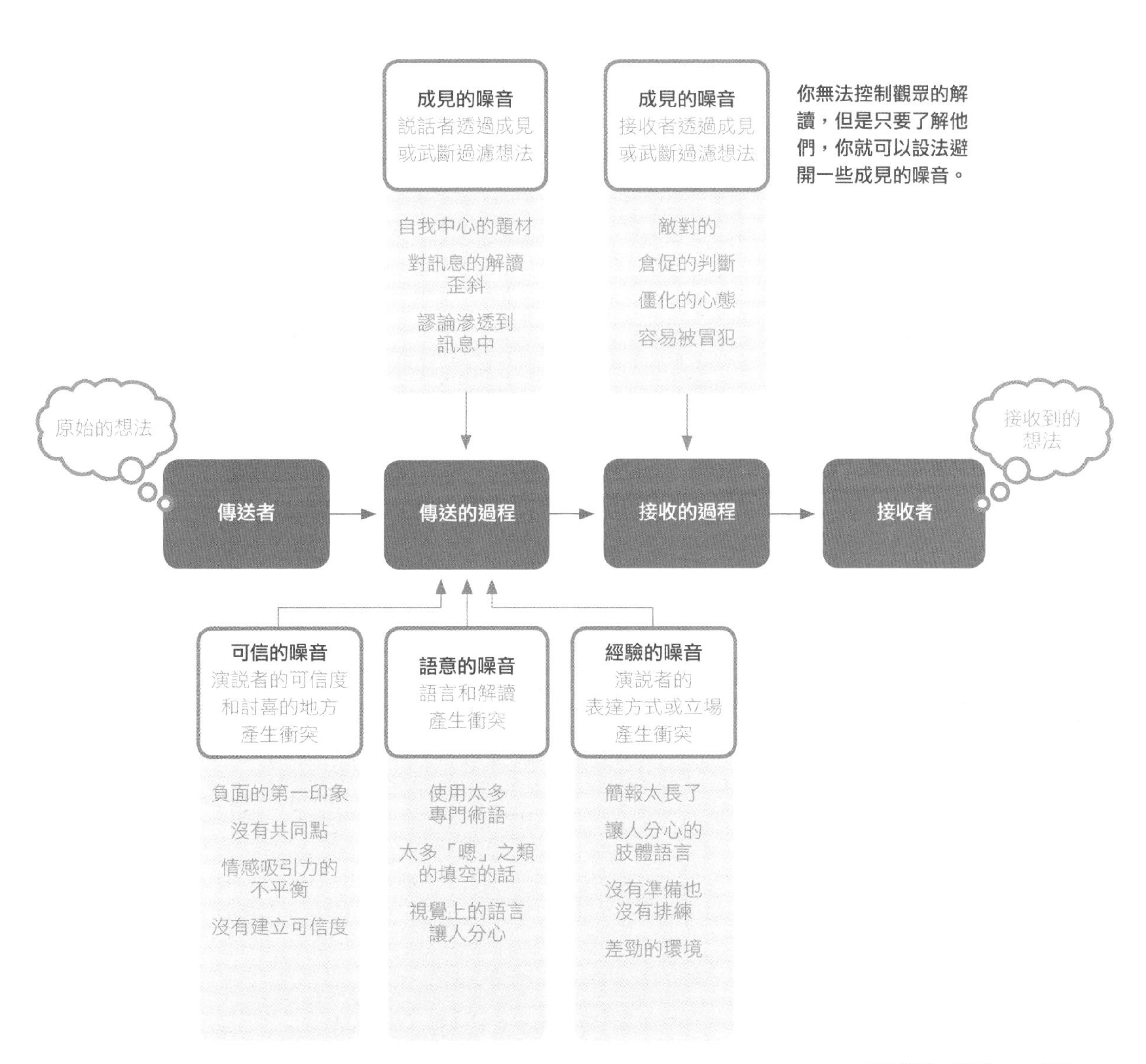

成見的噪音
說話者透過成見或武斷過濾想法
自我中心的題材
對訊息的解讀歪斜
謬論滲透到訊息中
成見的噪音
接收者透過成見或武斷過濾想法
敵對的
倉促的判斷
僵化的心態
容易被冒犯
你無法控制觀眾的解讀，但是只要了解他們，你就可以設法避開一些成見的噪音。
原始的想法
傳送者
傳送的過程
接收的過程
接收者
接收到的想法
可信的噪音
演説者的可信度和討喜的地方產生衝突
負面的第一印象
沒有共同點
情感吸引力的不平衡
沒有建立可信度
語意的噪音
語言和解讀產生衝突
使用太多專門術語
太多「嗯」之類的填空的話
視覺上的語言讓人分心
經驗的噪音
演説者的表達方式或立場產生衝突
簡報太長了
讓人分心的肢體語言
沒有準備也沒有排練
差勁的環境

提供正面的第一印象

有句老話說的是真的：你永遠不會有第二次機會可以留下第一印象。但是說笑話或是利用低劣的破冰遊戲就真的是開始的方式嗎？

在簡報開始前，記得做出一些有創意的選擇。你想要你的觀眾經歷的第一件事是什麼？你想要他們產生的第一印象是什麼？你的介紹應該要讓他們進入什麼樣的心情中？這些選擇並不只是由你說的話所驅使。心情可以受到房間、燈光、播放的音樂、椅子上的東西、投射在螢幕上的畫面、你穿的衣服、或是你進場的方式確定。

不論你有多想要讓觀眾喜歡你的想法，而不是喜歡你的外表，他們的第一印象，最起碼會有一會兒，是根據他們看到的東西。**在最初的幾秒鐘內，人們會把你歸類到他們腦袋中的某個地方，判斷他們能不能夠和你產生連結。**

亞里斯多德的主張反對讓第一印象影響察覺到的內容有效程度。他說：「信任……應該要由演說本身創造，不是留著取決於對演說者是這種人或那種人的事先印象。」然而，在古希臘時代，演說這門學問非常複雜而且要遵守許多規則。今天，觀眾中的大多數人都有點比較膚淺，而且會利用最初決定性的短短幾秒對你做出判斷。

對於受到判斷的恐懼，使得許多人害怕公開的演說，但是塑造第一印象是你的力量，不要允許你自己因此感到膽怯。在你開始簡報之前，如果你可以聽到觀眾心裡在想什麼，你一定會很驚訝。由於社群媒體的出現，你可以看到，而且你會感到很自在，潮流究竟有多膚淺且愚蠢。以下是觀眾在等候簡報開始的同時留下的實際評論：「在一間裝滿社交笨拙的人的房間裡『喝著燙死人的咖啡』，代表我現在有一隻發燙的手。」「我希望女生廁所不用排隊。」「我希望她上次演說過之後曾經參加過國際演講協會。」「噢，天啊，我錯過了今天早上登記處的含羞草。」

沒錯！這就是在你做簡報之前他們心裡想的東西。他們的期待非常低而且重點都放在自己身上，所以對這些人創造難忘的第一印象應該不算太難。

第一印象不一定得過度誇張或是耍花招。它們將會透露你的性格、動機、能力、以及弱點。你是在要求觀眾站在你的立場思考，而他們甚至還不知道他們喜不喜歡你，更不用說你對鞋子的品味了，所以建立「你是怎麼樣的人」還有「你自己討人喜歡的地方」就很重要。

你要知道，觀眾對你形成的第一印象有一部分是從你走進房間那一刻就開始的。仔細思考你在簡報開始之前傳送的所有溝通。簡報的邀請函看起來怎麼樣？簡報流程制定得如何？電子郵件的用詞如何？你的個人經歷看起來怎麼樣？因為所有引導前往實際簡報的互動都會創造真實的第一印象，記得確保你有恰當地制定它們。

成功的第一印象會用一種觀眾可以認同的方式介紹你和你的訊息。「拿他們自己和你比較，並且尋找相似和相異之處」是所有觀眾的天性。在他們打量你的過程中，清楚地表示這些相似和相異之處，這樣他們就會很快地恢復並且前進。記得在你和他們之間創造共同的特性。

單單根據你第一次出現的方式，觀眾就可以了解很多有關你的事。

當我第一次開始在杜爾特設計公司裡主持「投影片大學問」的工作坊時，我會一直激動的想要壓榨工作坊開始之前、從九點開始的一整個工作天。我會迅速地衝進房間、測試投影機、交叉檢查檔案、並且跳進題材。我會很忙、分心、而且把發條上得非常緊。任何可憐的早起鳥兒都會被我傳達一種清楚的「我超級忙而且努力要在你們來到這裡之前壓榨一整個工作天」的訊息。然後我注意到人群並不溫暖或是不能接納我。

接著，我參加了一場我的朋友、《簡報藝術2.0》一書的作者賈爾．雷諾茲主持的工作坊。在他簡報開始之前，他歡樂且投入地走進房間、握握手、問出席的人問題、然後換了一種完全不一樣的語氣。觀眾感覺到他有世界上所有的時間可以給他們，頓時，他就變得輕鬆愉快而溫暖起來。即使我們的內容具有相似的本質，他卻早在他說出第一個字之前就讓他們任他擺佈，而我沒有。

這是我「你真的覺得我有時間聽這個？」的眼神。

這是我「我有世界上所有的時間可以給你」的眼神。

跳下你的堡壘

你有沒有過這種經驗：在一場簡報中從頭坐到尾，即使簡報者聽起來超級聰明，你卻不知道他們到底說什麼？

大多數像是科學和工程之類非常專門的領域，都會有一部每天使用的明確辭典，這部辭典對專家來說很熟悉，但是對任何不在這個領域裡的人來說卻很陌生。**創新發生的非常快，而且每個新領域每週都會產生過多的新詞彙。如果你是專家，你就不能預設人們跟得上你的領域的發展。**當你在對非專家演說的時候，利用非常專門的專業術語可能會妨礙你的努力，並且減少你可以從他們身上得到的幫助的數量，就只因為他們不明白你在說什麼。你必須修正你的語言，這樣它才會和你的想法潛在的合作者和資助者產生共鳴。

在專家學會他們新奇的詞彙之前，他們會利用大多數人的共同語言。但是在他們研究自己精密領域的過程中，專門的詞彙和專業術語就會偷偷潛入。這就像是建造巴別塔（Tower of Babel）的人們。一開始，他們都說著統一的語言，但是由於他們的驕傲，他們的語言受到了混淆、而他們也從此被分散在世界各地。

對一群廣泛的觀眾做簡報的時候，你必須回到共同且統一的語言上，這樣你的觀眾才不會分散在困惑中。即使聽起來聰明，而且沒錯，用你驚人的聰明才智混淆別人會很有趣，當你對一群不像你這麼專業的觀眾演說時，這卻會阻礙他們對你想法的採納。

「美國社會不鼓勵人們說話深奧艱澀、難以理解，滿口專業術語的人將會遭到排斥。說一大堆人們聽不懂的話，代價可能是害你丟掉工作，或者無法達成你能力所及的目標。」

卡曼．蓋洛

如果你的想法需要使用特別的術語，你一定要事先準備、把它翻譯成外行人可以理解的清楚文字。你一定要知道在專門和共同的語言之間切換的方式和時機，不要選擇會落在你的聽眾詞彙外的文字。修改你的語言，使它可以配合觀眾使用的語言。

比如說，有位偉大的諾貝爾生理學獎得主芭芭拉．麥克林托克（Barbara McClintock），她在一九四年年代發現基因是身體特徵出現或隱藏的原因。然而，因為她的溝通風格，她具有開創性的研究卻招致懷疑，而且直到一九七〇年代才受到徹底了解。以如此清晰的內在理解，加上連珠炮似的說話方式，麥克林托克經常在一句話或一串字彙中，就由「顯微鏡下所觀察到的」，一下子跳到模型，跳到結論，跳到株體內的結果，又來回穿梭！而這一切卻全都發生在單一的句子裡！大多數觀眾都準備不足、或實在太懶，所以沒法努力明白她所傳達的資料。她溝通的方式使得她的大發現被隱藏了好幾年！

專業術語並不限於專門的行業中。許多好的想法會消逝，就是因為它們無法操縱產生這些想法的組織。在相同的組織，不同的部門也往往會使用不同的語言，這會創造內在的混淆。在某些會議上，我們發現說出的英文縮寫字往往比實際的文字還多。

除非明白你的想法，否則觀眾們不會採用它。**你的想法會受注意的價值，不只會是因為想法本身好不好，也要看你有多擅長跟人們傳達它。**

重視「簡短」這件事

簡報會失敗是因為裡面有太多的訊息、而不是因為太少。不要在觀眾面前炫耀、不斷湧出你對你的主題所知道的「每個似是而非的敍述」。只要在準確的時刻對確切的觀眾分享正確的訊息就好。

林肯只用了278個字就構成〈蓋茲堡演說〉，而且只用了兩分多鐘發表它。雖然它是歷史上最短的演説之一，卻也同時被認為是歷史上最偉大的演説之一。

這場演説的目的是要為蓋茲堡公墓致詞，並且頌揚死者。雖然當時的頌揚者在傳統上都會花幾個小時的時間，林肯演説的速度卻非常迅速，甚至連攝影師都還沒架好器材，演說就已經結束，因此我們並沒有他發表演説當天的照片。

大多數人甚至不知道，林肯並不是那天的主要演講者。愛德華．埃弗里特（Edward Everett）分享了演説台給林肯並且也用傳統的方式發表頌辭，他花了兩個小時歌頌陣亡士兵的美德。那天演説結束後，林肯收到埃弗里特寫的紙條，稱讚他的演説當中「具有説服力的簡單及恰當」。埃弗里特說：「我應該要高興，如果我可以奉承自己説我有盡可能接近這個場合的中心思想——在兩個小時內——就像你在兩分鐘內做到的一樣。」

林肯有兩個小時的時間，卻只花了兩分鐘，這迫使他必須清楚地表達中心思想。即使它很簡短，林肯的演説還是涵蓋了簡報格式的關鍵元素。他討論了現實狀況，敍述歷史上的國家價值、目前的戰爭狀況、以及這場集會的目的。他讓觀眾大吃一驚，聲稱他們無法奉獻或是聖化這塊土地，雖然這是他們以為自己到現場的目的。正好相反，他提出了行動的號召：讓群眾下定決心死者不應該白白犧牲，接著他描述了一個自由的國家該有什麼嶄新的幸福。

有一件事可以幫助你保持簡短，那就是把你自己的約束放在你做簡報的時間內。利用短一點的時間架構會要求你保持簡潔。如果他們給你一小時的時間，那就把目標設定成一場四十分鐘的談話。時間的限制會迫使清楚的結構出現，並且過濾出只會留下必要訊息的程序。

「如果我要演説十分鐘，我需要一個星期的時間準備。如果我要演説十五分鐘，那我需要三天的時間準備。如果我要演説半小時，那我需要兩天的時間準備。如果我要演説一個小時，那我現在就已經準備好了。」

伍德羅．威爾遜（Woodrow Wilson）

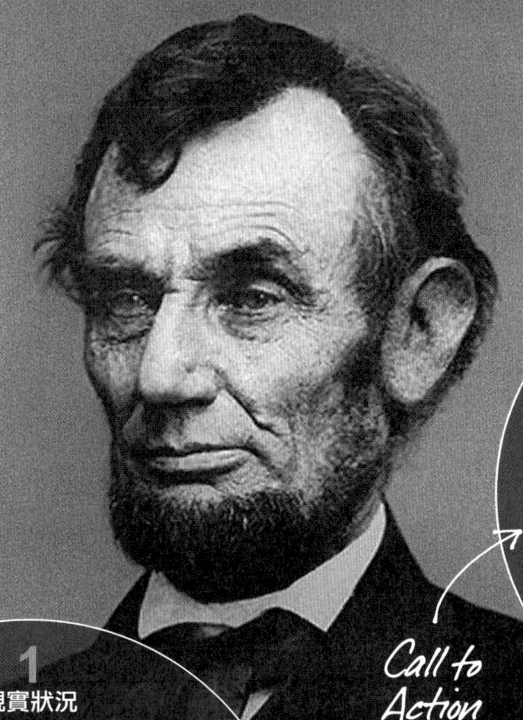

3
嶄新的幸福

我們實在應該在此致力於他們留給我們的偉大志業，也就是說，從這些為榮譽而死的同胞手中接過更大的職志，奉獻於他們已為之鞠躬盡瘁獻出一切的使命；我們當以無比的決心，不讓這些死者白白犧牲；務使我們的國家，在上帝庇祐之下，獲得自由的新生；這個民有、民治、民享的政府，能夠永存於世。

Call to Action
行動的號召

1
現實狀況

87年前，我們的先人在

這塊大陸上創建一個新國家，秉持自由的信念、致力這樣的主張：人類生而平等。

而今我們正陷入一場慘烈的內戰，考驗著這個國家，或任何一個秉持著如此信念和原則的國家能否永續長存。我們正聚集在這場戰爭中最慘烈的戰場上，要把其中一部份的土地奉獻給犧牲性命換取國家生存的同胞作為永息之地。我們這樣做，是十分合情合理的。

2
可能狀況

然而，從更廣的意義上來說，我們並不夠格奉獻、我們並不夠格聖化、我們並不夠格神化這塊土地。曾在這裡奮戰的勇士們，不論陣亡或倖存，早已聖化了這塊土地，遠非我們微薄的力量所能予以增減。世人不會留意、

也不會長久記住我們在此地所說的話，但他們永遠不會忘記勇士們在此地所做過的事。我們生者實在應該致力於在此戰鬥過的人們，業已卓絕地推展但未竟全功的志業。

讓你自己戒掉投影片

你在簡報過程中使用的任何投影片，它們的作用都應該是舞台的佈景或是布幕。它們應該很少會成為訊息單一的重點。是你在發表訊息，而不是投影片。**人們一次只能處理一則入鏡的訊息，他們不是在聽你說話，就是在閱讀你的投影片，他們沒辦法同時做到這兩件事。**

當你打開投影片應用程式要創造新的投影片時，程式提供給你的預設格式很適合做報告。如果你用文字填滿預設的主要模版，你的觀眾將會需要花25秒閱讀投影片。因為他們無法同時聽你說話和閱讀，如果你有40張投影片的話，乘以25秒，他們就會閱讀你的簡報超過16分鐘，而不是聽你說話。

只要先規劃結構，你就可以確保簡報不會變得太長。當一個受到挫敗的簡報者發表了55分鐘之後說，「哦，天啊！時間都跑到哪去了？我還有43張投影片要放，所以請支持下去，我會在接下來五分鐘內放完它們。」觀眾會不安地動來動去。如果你用腦袋裡的時間架構規劃堅固的結構，就可以確保你會維持在時間限制內。

投影片正確的數目是多少？對簡報來說，並沒有明確的「正確」數目。一切都看個人的表達方式還有簡報者的步調，所以答案就是「就表達你的論點的必要性來說，越多越好。」好萊塢的場景和故事分析師會堅持慣例，不會讓場景持續超過二分鐘，因為他們害怕觀眾失去興趣。

三分鐘！很有可能你的觀眾每過三分鐘也會失去興趣，而且讓問題變得更糟的是，你可沒有億元的電影鉅片預算。因為簡報的媒介比電影來得靜態，所以不要在一張投影片上花超過兩分鐘的時間。盡可能頻繁變換視覺畫面有助於保持觀眾的注意力。

大多數簡報都會在每張投影片裡放上多重的論點，使它成為文件而不是投影片。如果你選擇在每張投影片中只放進一個想法，你就會比傳統上會在投影片平台看到的擁有更多投影片，這是可以接受的。

我曾經受邀到一場午宴的主題演講中演說45分鐘。主辦單位要求投影片要在30天前交給他們，所以我精心設計了訊息、預先排練、並且傳送了一份裡面有128張投影片的簡報檔案。

在我的演說開始前一個星期，我接到一通主辦單位打來的電話，告訴我說主題演講的時間被縮短到20分鐘，要我重新交投影片。所以我調整簡報、從頭排練、並且把時間安排到20分鐘。簡報的當天，主持人提醒我要「保持在45分鐘的時間內，因為觀眾喜歡問答時間。」真是令人震驚，我告訴他說他們不是要把演說時間縮短到20分鐘。「不，你有一個小時的時間，我們會告訴你20分鐘只是因為你放了太多張投影片，我們以為你會講很久。」我在心裡大叫著，「我可是靠做簡報吃飯的啊！」但是在表面上，我只能微笑著說，「好吧，既然有40分鐘的問答時間，我希望他們會有很多問題。」

投影片內容縮減

投影片內容的密度是有範圍的。字數和觀眾處理訊息需要花的時間將決定：你到底有沒有創造出密集的文件或是確實的視覺助手可以投射在螢幕上。

你的目標是要從投射文件轉變成發表簡報。在你的投影片上只放進要素會幫助觀眾回憶起你的訊息。把很長的句子和複製貼上的大段話縮減成單一的文字，簡化投影片，這樣觀眾才可以在三秒內處理每張投影片。盡可以地移除投影片的內容，並且把材料移動到筆記裡，實際上你想在筆記裡放多少訊息就可以放多少。

接著，建立投影片播放模式，把筆記投射到你面前的電腦上（投影片放映／以簡報者模式預覽）。你可以利用面向你的機器當作你的講詞提示機，把你所有的筆記打在上面，但是在你身後則是對觀眾來說投射清楚、容易理解的投影片。這樣一來你就不會漏掉任何東西了！

聽到要「盡可能移除每張投影片中內容」的建議之後，許多人的反應都是，「但是我上司希望她的每個直接下屬都要傳送一份針對我們初步行動的五張投影片概述，如果我做的投影片很少，她或許就不會明白我們已經達到的進步。」你上司要求的不是投影片，她要求的是文件。所以盡你所能地填滿文件以便清楚表達它。你在做簡報的時候，很少會有時間可以花在每張投影片上，當你交出文件的時候，則會有時間理解每張投影片。

當投影片使用得當時，它們會和簡報者配合得天衣無縫，就像舞台上的舞伴一樣。一個來、另一個去，各自協助另一個人的舞台呈現和技藝。用你的投影片練習，直到你和它們可以像一體一樣移動為止。

講詞提示機

用你的電腦當做講詞提示機，讓它展示你的筆記。

畫面助手

只把可以幫助觀眾記住你訊息的題材投影到螢幕上。

平衡情緒

具有説服力的簡報應該要恰當地平衡分析性和情感性的吸引力。

這本書中有許多篇幅都致力於創造情感上的吸引力，不是因為它比較重要，而是因為它沒有受到充分利用或是根本不存在，而且應該要被整合進去。現在你的簡報已經擁有許多情感上的吸引力了，所以我們就繼續了解它恰當的用途吧。

有些主題天生就會充滿情感上的電力，比如對美國觀眾的《槍枝管理法》、種族歧視、或是墮胎，因此也會自然地讓它們傾向比較情緒化的論點。另一方面，科學、工程、財金、以及學術之類的主題天生就會招致分析性的吸引力。但是只因為簡報比較偏向分析性內容，並不代表它就應該缺乏所有的情緒。

有一個常會出現的問題就是「當我對一群經濟學家做簡報的時候，我應該要利用多少情緒？」（你可以用其他文字替換經濟學家，比如分析師、科學家、工程師、或是研究人員。）有些人會選擇他們的職業是因為他們分析的天性。如果你知道觀眾的職業是在典型的分析性空間裡的話，你的吸引力就只有一小部分應該是情感性的，但是不要徹底省略情緒！最最起碼，要用「為什麼」開始並結束你的簡報。很多時候人們為什麼會專注在經濟學、科學、工程或是研究上的原因也會具有情感上的成分。不要徹底剝奪它，但也不要使用過量。

除了來源的可信度、引起共鳴、以及合理的論點以外（請看114頁），這一系列還有另一個希臘字得提一提，這個字就是機會（Karios）。它的意思是「適時」或「及時」，就是要在適當的時機、用適當的方式説話。為了做到這點，你必須要明白狀況、交叉檢查、還有，如果必要的話，修正你的簡報、調整其中情感性和分析性的平衡，好讓它變得恰當。

記住，人生中的所有事都應該要有所節制，包括情感上的吸引力。情感不應該被過度放大，如果它被過度放大的話，觀眾就會感覺受到操縱。只有當它可以促進辯論的時候，對情感產生吸引力才會有效。創造正確的平衡很吸引人，然而不平衡卻會破壞你的可信度。

修正簡報，以詳細計畫觀眾的需求。同時，增加或減少情感性和分析性的吸引力以便符合狀況。

	廣泛的觀眾	分析性的觀眾
反應模式	發自內心的	理智的
結構	偏向故事	偏向報告
對情緒的反應	接納的	懷疑的
有效的器官	心臟、內臟、鼠蹊	腦袋

不要把修辭的三角形當做某種靜態的東西、而且必須均衡地填滿它以便達到各邊完美的平衡，而是要把它想成動態的、並且根據狀況修改情感上的吸引力。如果你針對一個在情感上充滿電力的主題對一群廣泛的觀眾演說，那就不要翻閱一頁又一頁的分析性研究，而是拉回到聰明的題材上。當你在對嚴密分析性領域內的專門觀眾演說時，你就必須強調分析性的內容。請注意看最右邊的三角形會有多麼不平衡以致於削減你的可信度。

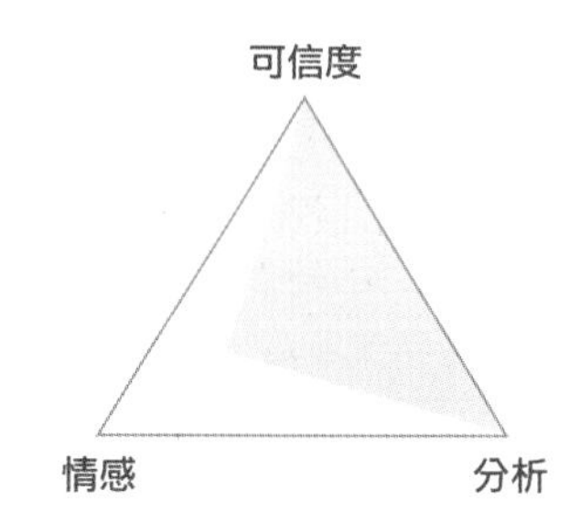

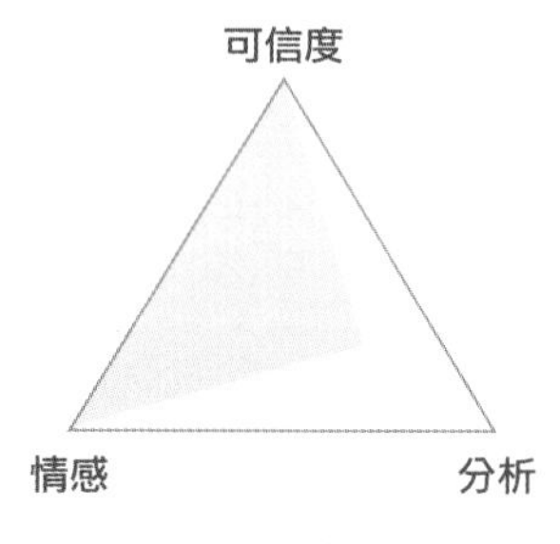

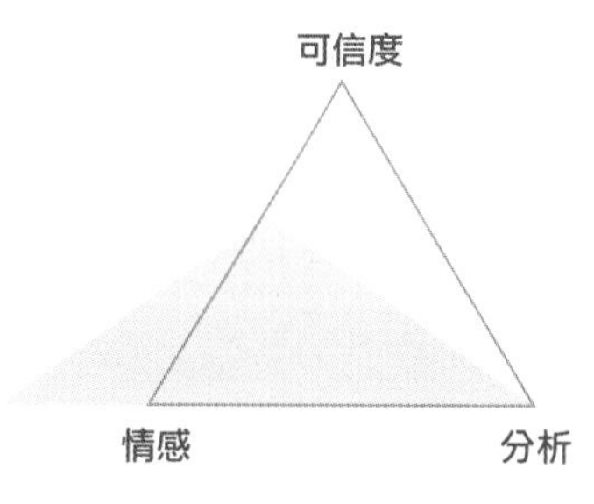

非常分析性的觀眾不喜歡讓自己的心弦到太大的牽引，如果有的話。他們會傾向於把它解讀成有人企圖操縱以及浪費不必要時間。但這些人也是人類，而且所有人類都會在乎、想要笑、而且可以深受感動。所以，比如說，在簡報中加入可以展現生命將會如何改變的題材，並不會激勵他們，除非它是用駭人聽聞的方式呈現。

會在情感上受到驅使的觀眾，不喜歡過度使用事實和細節。他們想要知道細節已經經過仔細的考慮，但是他們或許不會想要看到20張有關他們的投影片。他們需要一切證據的論點。比起說明產品如何起作用的複雜內部緣故，推銷人員或許會因為獎勵計畫而變得更激動。

不論是情感上或分析性的吸引力，在任何一個方向太過頭都會破壞你的可信度。就算你是世界上最具資格的簡報者，表現得太令人討厭或是太過情緒化都可能會在你和觀眾之間創造隔閡。

注意左手邊的兩個三角形，演說者的可信度保持原封不動。這是因為這些簡報命中了對觀眾來說正確的平衡。

彩排：在簡報開始前誠實修正

我們已經變成了一種「第一草稿」的文化。寫下一封電子郵件、傳送。寫下一篇網誌文章、發表。寫下一場簡報、呈現。精心製作然後再次善加精心製作某種東西的藝術正逐漸消失在溝通中。

「任何東西的第一草稿都是狗屁。」

小說家海明威

我們很容易依附在我們自己的想法上，所以能夠有另一雙眼睛和耳朵來檢視它們是很棒的。得到回饋最好的方式就是主持一場放映，以便在你做簡報之前測試你的訊息。這場放映應該要過濾出任何曲折的結構、阻塞的訊息、還有讓人困惑的語言。

保持開放的心胸參加放映，知道你將會需要修訂你辛辛苦苦做了這麼久的溝通中的某些部分。沒有人曾經在第一次檢視的過程中聽過，「我什麼都不會改變。」不論你多麼不懈地努力，這個階段中還是會有改變。訊息是從你的角度創造的，就你受到接納的程度獲得別人的回饋，你就能夠提昇你的題材，讓別人接納的潛力。這場放映應該要影響並且圓滿完成你發表簡報的方式。

康威定律（Conway's　Law）說過，「任何設計系統的組織必然會產生一種設計，它的結構只是組織溝通結構的縮影。」換句話說，你的組織產生的溝通品質會受限於組織本身溝通的品質。因為這個原因，**簡報的品質不會超出在它出現之前的規劃過程的品質。**因此，把一個會提供你誠實、有幫助回饋的團隊拉在一起參加放映，可能會需要你跳脫你的組織。

把你自己從一個你很喜歡相處或是非常沒有互動的環境中移開。正好相反，把一小群背景相似的人拉在一起當你的目標觀眾。他們可能會是你這一行中的人，比如分析師、內部員工、信賴的顧客，或是某個重點團體。選擇會詳細檢查、批評、並且挑戰你的觀點的懷疑主義者。你會希望他們在告訴你他們怎麼想的時候表現得殘忍而誠實。

每個放映者都應該有一張投影片和你的簡報筆記的輸出，這樣他們才可以迅速地寫下對文字和畫面的想法。瀏覽整場簡報一次，然後仔細地再檢查每個部分。一次充實的檢視會議持續的時間，大約應該是簡報本身長度的三倍。如果你的簡報長度是20分鐘，每場放映就應該要花一個小時。如果你的簡報持續一個小時，放映就應該要花三小時。

(觀點幫助者 5元)

盡可能找到一個離你特別的環境越遠越好的人，讓他提供你誠實的回饋。

(篩選投影片服務中)

提供你的測試觀眾一個安全的環境可以告訴你他們實際上的想法。用一種不具防備性的方式請求回饋，並且讓他們挑戰所有的假設。鼓勵他們告訴你，你的簡報是否有真誠地讓他們保持興趣。

不要忽略這些人的見解、或是提出「對，可是……」或是「如果他們真的知道……」的藉口。確實地聽他們說話，然後整合他們的見解。接著，修訂你的題材。放映簡報將會移除任何可能不小心阻礙或挑撥觀眾產生誤解的小缺點。

至於如同下面圖示的這些負面組織系統，將會限制你的溝通品質。如果你在其中的任何溝通環境中工作，那就跳脫你的組織，以便得到對你的簡報誠實、具有建設性的回饋。

自負的首領：領導者會很晚才投入，迫使團隊產出時間壓縮、品質低劣的產品。

政治上的偏執狂：由於對他們自己破壞的恐懼，沒有人可以做出進步的決定。

訊息魔術：由於缺乏政策，虛構的訊息會成為標準。(請看213頁)

真空的遠見：沒有空間可以提供給替代觀點，而且主題專家在桌子上沒有位置可以坐。.

愛奉承的領導者：優柔寡斷的領導階層和受到阿諛驅使的與論會拖延政策的牽引。

顧客的冷淡：比起顧客的見解，會更加重視把重點放在自己身上的溝通。

個案研究：馬庫斯．卡佛特博士
[科學獎得主的說服力]

美國國內數以千計的頂尖科學家申請了「先驅獎」（Pioneer Award），這是由國家衛生研究院（National Institute of Health）贊助的獎項。獎項得主通常會提出高風險、高報酬、可以轉變醫學研究進行方式的想法。進入決賽的參賽者必須到馬里蘭發表一場15分鐘的簡報，之後進行一場15分鐘的問答時間。簡報會對一組頂尖的科學家發表，他們可能會或可能不會來自和研究相同的領域，這表示「想法」必須用一種會和任何領域的科學家產生共鳴的方式傳達。

馬庫斯．卡佛特（Markus Covert）博士是史丹佛大學的生物工程學助理教授，也是二〇〇九年的先驅獎得主，獲得了2千5百萬的獎助金。他強烈相信他投入自己簡報的回饋和練習數量，就是為他贏得這筆交易的原因。

卡佛特簡報中的一切都必須證明他的假說有充分的理由值得採用，並且為用在它上面的資金做擔保。他必須包含全景，但是也必須深刻潛入某些特定的地方，以便證明他很博學多聞。卡佛特挑戰了一種歷久不衰的科學溝通傳統，在他的簡報中整合進情感上的吸引力。他想要讓自己的語調除了有啟發性以外還要能鼓舞人心，這是非常勇敢、違背理智的科學傳統。加入這樣一個發自內心的層次非常違反直覺，他知道就連薄薄一層情感上的吸引力也會大有幫助。所以他沒有把重點單單放在執行方法上，而是加進為什麼他的計畫可以改變科學研究的原因。

因為知道他的方法很冒險，所以卡佛特對各種不同學科的科學家分別演練了20次簡報。是的，20次。遵照他非常科學家的本質，他有系統地對來自不同背景的科學家一再地做簡報、收集回饋、然後修正簡報以便反映他們的見解。有時候，移除他很喜歡的部分、同時加入題材的時候會很掙扎，但是卡佛特採取了一種謙遜的立場，決心要接受並且執行回饋。

一直到他作到第19次和第20次的排練時，回饋才變成了：「什麼都別改，已經很完美了！」這是很大量的排練，但是他很了解題材，而且表達方式必須正好合適。

有許多有關科學的方式是激勵人心的。不同於很多簡報裡真誠的熱情會被埋葬在事實和證據中。**卡佛特利用在簡報中加進情感，並且排練簡報直到變得正好合適，贏得了獎助金。**他現在就可以花時間在他的實驗室裡追求他的熱情，而不是擔心資金要從哪裡來。

有此一說：卡佛特正在利用他的資金追尋生物學的聖杯，有些人把它稱為「終極的測試」，就是建立一個可以刺激整個細胞的電腦程式。如果成功的話，他的研究就可以徹底改革我們對疾病的了解和治療。

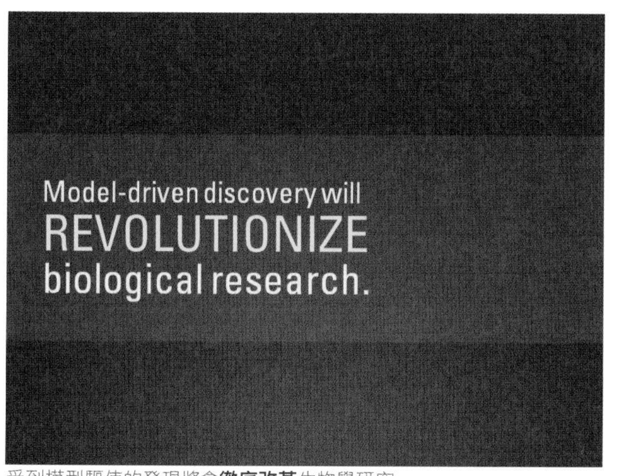

受到模型驅使的發現將會**徹底改革**生物學研究。

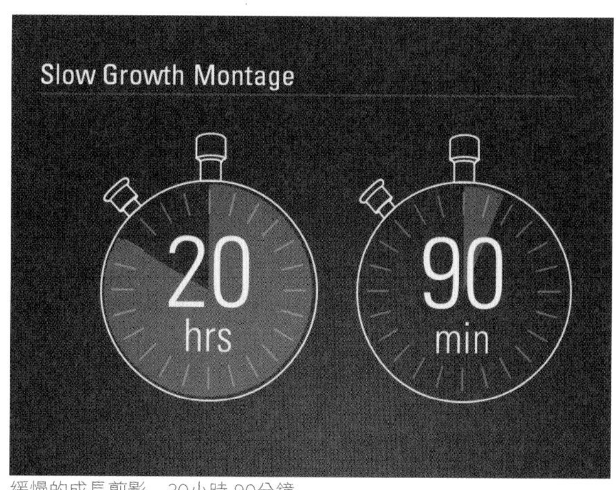

緩慢的成長剪影　20小時 90分鐘

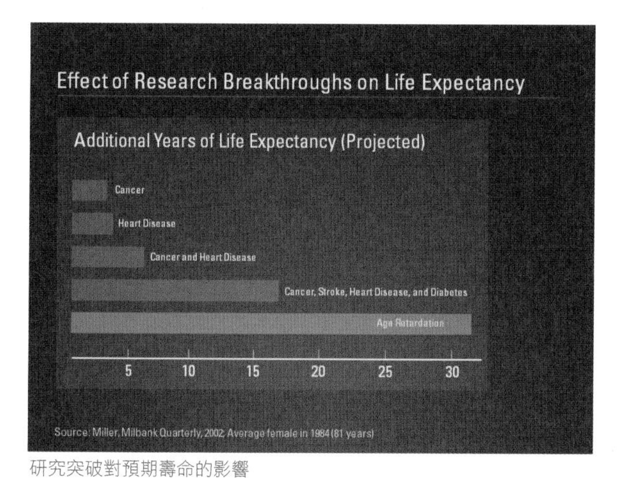

研究突破對預期壽命的影響
附加的預期壽命年限（推斷得出）
癌症
心臟病
癌症及心臟病
癌症、中風、心臟病、以及糖尿病

卡佛特對他的投影片使用了一種清楚的極簡抽象派設計。許多科學簡報會在投影片中塞滿太多數據，他的簡報卻相當完美地保持平衡。

「最初讓我產生動力去作曲的原因是對『溝通』的強烈慾望，而且要盡可能和人溝通，越多越好。因為我喜歡世界和人生的地方就是人，所以我愛他們就像我愛音樂一樣。我愛人們，而且我有一種難以克制的慾望要和人們分享我的感受、我知道的事、還有我的想法。」

指揮家伯恩斯坦

伯恩斯坦（Leonard Bernstein）
紐約愛樂管弦樂團指揮

個案研究：指揮家伯恩斯坦
[年青人音樂會]

伯恩斯坦是很有天份的作曲家、指揮家、鋼琴家、教師、還是贏得「艾美獎」的電視名人。他很愛講述音樂而且對每個人都這麼做：朋友、同事、教師、學生、甚至還有兒童。伯恩斯坦獨特的智慧和機智，使他獲得音樂最擅於表達的代言人的聲譽。《Variety雜誌》曾總結他的吸引力何在：「[紐約]愛樂管弦樂團的指揮擁有一個教師的熟練技術，以及詩人的感覺。」伯恩斯坦讓人驚嘆之處就是，他知道如何抓住並鼓勵觀眾的注意力，拿捏正好準確數量的新訊息，以便產生新的高潮。

在伯恩斯坦達成的所有事情當中，帶領「年青人音樂會」是他其中一件最驕傲的事蹟。一年當中有好幾次，紐約的卡內基音樂廳會坐滿來學習古典音樂的年青兒童。伯恩斯坦在他的講座音樂課教孩子們複雜的音樂理論時，可以讓講堂中幼小的兒童保持注意力長達一個小時或更久。**這種講座形式音樂課能成功，因為伯恩斯坦會像他在音樂裡投入的一樣，放進一樣多的精力和紀律。**www

伯恩斯坦的說明、類推，還有隱喻都發表在一場清楚、簡單、但是富有詩意的簡報中，並始終如一地保持在兒童可以理解的程度。他隔離了音樂的各種層次、說明音樂背後的理論、播放用鋼琴彈奏的音樂片段、並且利用各種樂器來彈奏音樂當中的部分。接著，當演奏完整的音樂時，兒童就會更清楚地了解許多細微的差別。

下面是三段出自最困難的音樂主題之一的摘錄，目的是要說明：「什麼是交響樂？」伯恩斯坦利用了對兒童來說很熟悉的東西當做隱喻：

- 「（交響樂裡的）發展部會如何實際運作？它會發生在三個主要階段內，就像一艘發射到太空的三階段火箭。第一個階段是簡單的產生想法，就像一朵從種子裡開出的花。比如說，你們都知道貝多芬在他的《第五號》交響曲開頭種下的種子，『登登登登』。從它當中就長出了一朵像這樣的花：〈彈鋼琴〉」
- 「（布拉姆斯）把兩到三段旋律組合在一起……然後採取旋律的片段，就像煎餅一樣把事物上下翻轉。但是不是真的翻轉，而是它聽起來驚人的上下翻轉。它很美吧？這就是讓布拉姆斯如此偉大的地方，音樂不只會改變，它還會美麗地改變。」
- 「我希望你們會用全新的耳朵聽到它，並且聽到其中的交響樂驚奇、其中的成長、還有其中的生命奇蹟，就像血液流過血管、連接每個音符，使它成為最偉大的音樂。」

伯恩斯坦為了他的年青人音樂會手稿努力了好幾天、還排練了它們好幾次，所以當他講述音樂的時候，聽起來才會好像他正在和兒童進行一場平靜、輕鬆的對話。

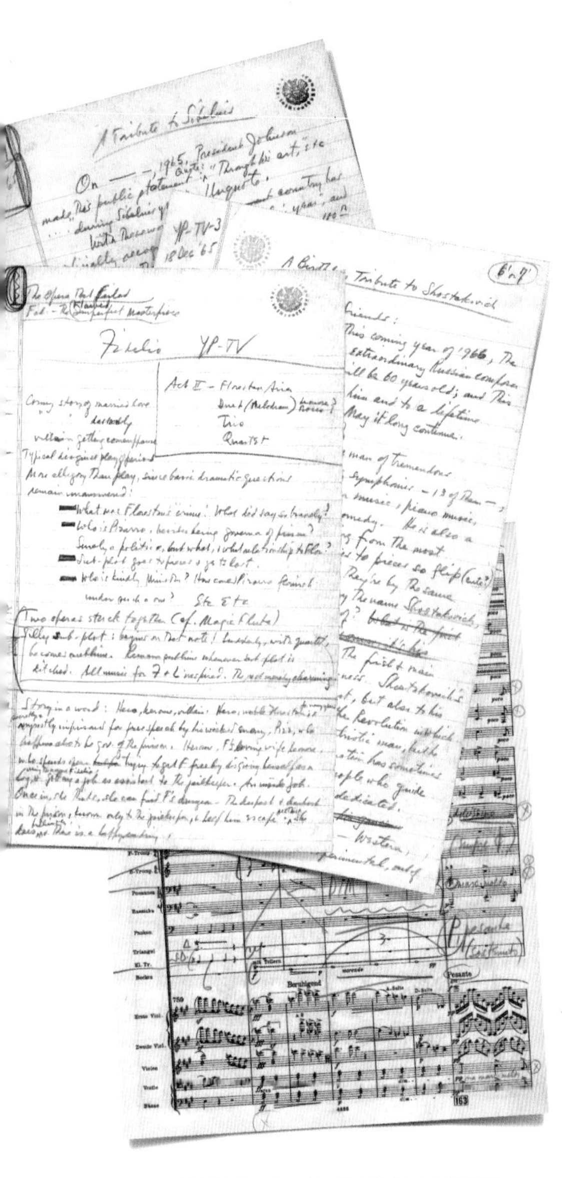

就像他對樂譜投入的一樣，伯恩斯坦會在他簡報手稿裡放進一樣多的排練精力。

很少伯恩斯坦的觀眾會知道他簡報裡包含多少擇善固執的努力。他非常擅長展示一種輕鬆、自在的方式，所以他的簡報才會看起來像是不費力氣又自發地產生。當然，真相就是他很努力地寫出他的手稿。往往在臨場幾個星期前，而且就在最後一分鐘前，他的辦公室、家裡、還有更衣室，全都充滿他和他的團隊書寫、規劃、還有排練時成堆散落的紙。

伯恩斯坦會在黃色的標準拍紙簿上產生想法、並且和他同樣投入的同事合作，直到形成一份優雅、容易理解的手稿。團隊會確保每個隱喻和象徵對觀眾來說都很恰當。伯恩斯坦自己則會來回排練手稿好幾次，照他所想的做記號並且預演。

伯恩斯坦和他的團隊會不斷編輯、直到他就要走上台的那一刻。在每場表演完之後，他們會觀看錄影片段中他說的話，然後評估它以便下次改善。他會找出他可以做出的改善，這樣他就不會一再犯下同樣的錯誤。儘管所有優秀指揮家都會檢視自己的音樂會，伯恩斯坦也會把這種慣例應用到他的簡報上，所以每場簡報都會進行得比上一場順利。

指揮家會被訓練得產生一套遵守紀律的排練程序，所以透過多種重複的話編輯手稿對他們來說並不是陌生的程序。他們閱讀樂譜的方式就像大多數人閱讀書本的方式一樣。翻閱伯恩斯坦的樂譜就像是在觀賞他排練一樣。他會研究並且檢視一份樂譜好幾次，努力想表現出作曲家的意思。他有一種在閱讀樂譜的時候使用的特殊鉛筆，他把它稱為他的「小紅、小藍」（一端用紅色鉛筆書寫，另一端用藍色鉛筆書寫）。當他繼續閱讀樂譜的時候，他會來回拋動鉛筆、從他身為指揮家或是個人音樂家（他的觀眾）的觀點思考對音樂的表現。

藍色記號是指揮家替伯恩斯坦本人做的記號，可以幫助他分辨句子、樂器的線索、還有音樂的強調。黃色記號則是音樂家的筆記，將會被轉移到他們的各個特別部分。這些他自己寫的記號特別有趣，因為他是個擅長敘述的指揮家，不會只看原曲作曲家表情記號；他會富有詩意地描述他想要音樂家感受到的東西。在紐約愛樂管弦樂團銅管部演奏了好幾年的傑米內羅（John　Cerminaro）曾經說過，「你不能只根據頁面上的音符演奏獨奏，[伯恩斯坦]每次要的都是一些特別針對情感程度的東西。」

在排練並琢磨簡報手稿同時，伯恩斯坦會試著預測一切。他會仔細地規劃每個字和觀眾的反應。他會逐漸產生他的手稿、切題地預測多重的觀眾反應，甚至會根據人們對前一個論點可能會有的反應寫下替換的部分。他甚至會註記他在舞台上的時候要站的位置和站的方式。紐約愛樂管弦樂團的檔案庫裡面有他手稿的副本，顯示多達十次的修正（除了他在黃色的標準拍紙簿上進行的那幾輪以外），這可以反映出伯恩斯坦的思考過程和排練有多麼徹底。

一九六八年，伯恩斯坦利用一段堪稱是他的信條的文字，寫下他進行年青人音樂會的經驗。「這些音樂會不只是音樂會，就上百萬在家裡[的電視上]觀看它們的人來說，甚至不能算是音樂會，」他寫道，「就某種程度來說，它們是我身為一個指揮家、一個表演的音樂家想要做到的一切精華。在我身上有一種潛在的說教傾向，會把我製作的每個節目轉變成談話，不論我到底有沒有說話。我的表演衝動永遠都會分享我的感覺、或是知識、或是對音樂的沉思，用來提供想法、建議歷史性觀點、鼓勵音樂線譜的交集。就這個觀點來看，年青人音樂會是一場成真的夢，尤其是自從對年青人——也就是這些非常渴望、沒有成見、好奇、開放、而且非常狂熱的人們完成分享之後。」

不論你的主題是什麼，熱情和練習才會讓你的簡報變得完美。

這段從「音樂中的幽默」的手稿（右圖為原文件）摘錄的文字，顯示出伯恩斯坦和他的團隊有多仔細地規劃。

伯恩斯坦（續）
在音樂當中，作曲家可以用許多不同的方式製造這些驚喜，包括：當你期待它表現柔軟的時候，讓音樂變大聲、或是反過來、或者突然停在一句話的中間、或者故意寫下一個錯的音符，一個你沒有預料到的音符、不屬於這段音樂的音符。我們來試一個看看，只是好玩。你們都知道那些彈起來很愚蠢的音符-
唱：刮鬍子和剪頭髮 － 兩小節

好，現在你們唱「刮鬍子和剪頭髮」，然後管弦樂隊會用「兩小節」回答你們，看看會發生什麼事。
管弦樂隊：示範

（如果沒有人笑）
現在你們看到了，你們沒有笑得很大聲。
（如果有人笑了）
現在大多數人都沒有對音樂的笑話笑得很大聲。這就是音樂幽默的其中一個特點：你會笑在心裡。否則你就可能永遠聽不到海頓的交響曲：笑聲會淹沒音樂，但是那並不代表海頓的交響曲不好笑。
（更多）

22

BERNSTEIN (CONT'D)
In music composers can make these surprises in lots of different ways - by making the music loud when you expect it to be soft, or the other way around; or by suddenly stopping in the middle of a phrase; or by writing a wrong note on purpose, a note you don't expect, that doesn't belong to the music. Let's try one, just for fun. You all know those silly notes that go -
SING: SHAVE AND A HAIRCUT - 2 BITS

O.K. Now you sing "Shave and a Haircut", and the orchestra will answer you with "2 bits" and see what happens.
ORCH: ILLUSTRATE

(IF NO LAUGH)
Now, you see, you didn't laugh out loud.
(IF LAUGH)
Now most people don't laugh out loud about musical jokes. That's one of the things about musical humor: you laugh inside. Otherwise you could never listen to a Haydn symphony: the laughter would drown out the music. But that doesn't mean a Haydn symphony isn't funny.

ag (MORE)

總之，簡報也是「熟能生巧」——對，有點就像這樣。有句老話這麼說：「若有人在話語上沒有過失，他就是個完人。」但沒有人是個完人—永遠都有改善的空間。所以記得堅持提前為你自己做準備，排練再排練。接著在簡報結束之後請求回饋，如果簡報有錄音的話，就檢視錄音然後再重新開始細微改進的過程。

成功的人會規劃並且作準備。想要在任何行業成功需要紀律和對技巧的熟練。運用相同的紀律到溝通的技巧上，將會讓觀眾依附你的想法，改善你的專業路程。

[視覺溝通的法則 8]

觀衆的興趣多高，
會和簡報者做了多少準備成比例。

第 9 章

改變你的世界

改變世界不容易

如果你說，「我對某件事有個想法」，你真正的意思其實是，「我想要用某種方式改變世界。」那究竟什麼是「世界」呢？其實就是我們祖先的所有想法。看看你的周圍，你的衣服、語言、家具、房子、城市、還有國家，開始全都會是別人心裡的視野。你的食物、飲料、交通工具、書籍、學校、娛樂、工具、還有應用設備，全都來自當某人發現這些東西的時候，他們對世界的不滿。人類喜歡創造、而創造往往是從改變世界的想法開始。

對你的想法保持熱情和堅持，需要有部分的你對於現狀感到不自在。有時候，為了要促進你的想法，你必須具有足夠的決心賭上你的名譽。伸出一隻手、用某個產品、哲學、或是你熱切地支持的理想接近別人感覺會很可怕，有人會提出反對、有人會一口拒絕。這很辛苦，社會並不會給否決報酬，但是它確實會給那些具有毅力、被拒絕之後還繼續前進的人報酬，所以不要放棄。

我先生和我會收集巨大、比普通尺碼還大的古典海報。有一次我們帶小孩去度假的時候，我們停下來在其中一間海報商店裡看看。海報商戴上白色的棉手套、仔細地把每張跟桌子一樣大的海報翻轉過來，當他翻到右頁那張海報的時候，我的兩個小孩都倒抽一口氣說，「我的天啊，媽，那是你耶！你一定得買下這張海報。」嗯……他們會這樣覺得應該是件好事吧？

那張海報是一個老式的法國烘焙香料廣告。烘焙香料！看到這個女孩有多麼熱切地推銷她收集的一小把香料實在很好笑，但是如果我把她手上拿的那包香料換成「有效的簡報」這幾個字，我猜我看起來就是那樣，我會變得非常熱切。

如果它們只侷限在一個人的腦袋裡，想法其實還不算活躍。當另一個人採納你的想法、接著又有一個人、再一個人、直到它達到頂點、最後獲得洶湧的支持時，你的想法才會變得活躍。

甘迺迪總統曾經發表過一場演說，表示在十年之內，美國應該要派人登陸月球並且讓他平安回家。他想要得到每位美國人的支持。他在演說中說道，「就某個非常真實的定義來說，這不會只是一個人登上月球，而是一整個國家。因為這並不是他個人的成就，而是大家把他推上這個成就。」他希望整個國家都能感受到它們有責任支持他的願景。之後在一九六年代，約翰．甘迺迪正在巡視美國國家航空暨太空總署時，他停下來和一個拿著拖把的人說話。總統問他說，「你在做什麼？」工友回答說，「我正在把第一個人送上月球，先生。」這位工友大可以回答說，「我在掃地和倒垃圾」，但他卻把自己的角色視為更大的任務、滿足總統的願景其中一部分。在他眼裡看來，他正在創造歷史。

「發表演說唯一的理由就是要改變世界。」

約翰．甘迺迪

「有種東西強過世界上的所有軍隊，就是『屬於它的時代已經到來』的想法。」

維克多．雨果（Victor Hugo）

簡報能改變世界

簡報確實可以改變世界。誰能想到一部有關簡報的電影會贏得奧斯卡金像獎、創造全世界的體認、並且激發改變?早在任何人的雷達偵測到《不願面對的真相》(An Inconvenient Truth)很久以前,前美國副總統高爾就已經發表過好幾百次他的簡報,以便影響全世界的觀眾。事實上,他早在一九七〇年代就開始發表類似的簡報。

你或許不需要改變整個世界,但是你卻肯定可以利用簡報改變你的世界。這本書中描寫的許多人都會一再發表簡報,他們不會只做一次簡報就結束一天,他們這一生全都花在不斷地溝通他們的願景上。

想要看到你的想法獲得有系統的採納,你或許必須發表多場簡報。在你通往改變世界的路上,將會有關鍵的溝通里程碑成為你成功的催化劑。每個里程碑都是一個機會,可以調整策略、合作,並且重新編制團隊。發生在組合簡報時出色的討論,有時候會跟簡報本身具有一樣的價值。

下面只是包含簡報的一場「產品發表會」中的一些里程碑。每個里程碑都代表這個產品的生命循環中某個不可或缺的階段,通常會透過簡報傳達。

從一個產品生命循環的開頭到結尾,簡報扮演了很寶貴的角色

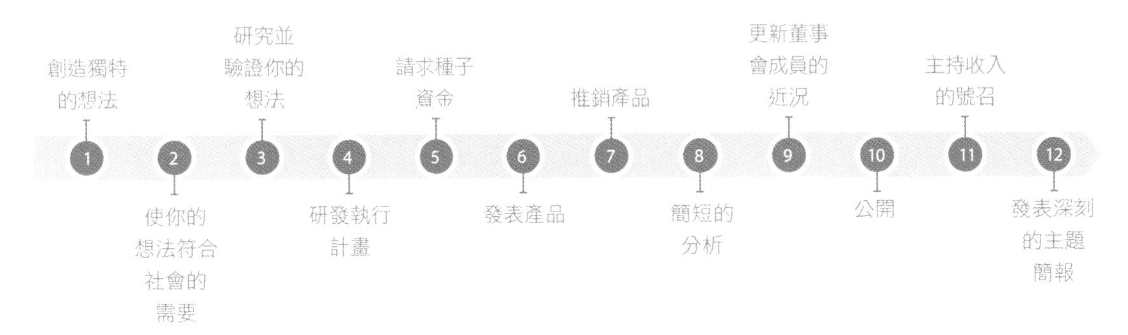

「如果一個企業其實是個製造決定的工廠,那麼告知這些決定的簡報就會決定它們的品質。」

馬蒂.紐邁爾(Marty Neumeier)

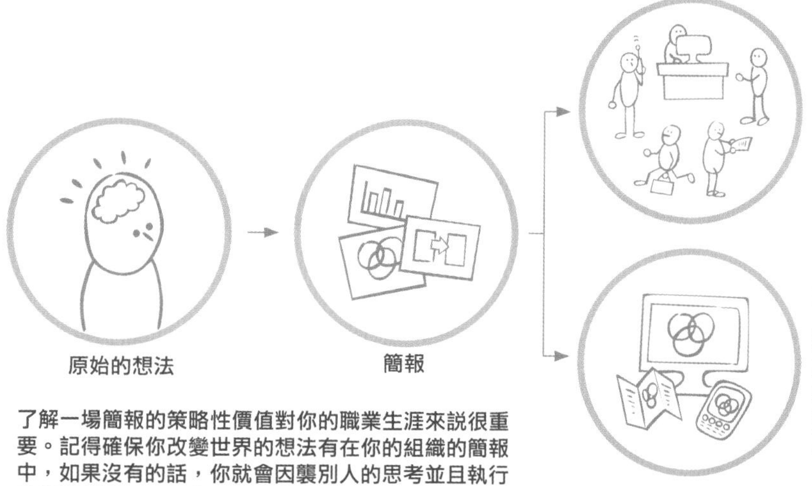

了解一場簡報的策略性價值對你的職業生涯來說很重要。記得確保你改變世界的想法有在你的組織的簡報中，如果沒有的話，你就會因襲別人的思考並且執行他們的想法，而不是用你的想法影響創新。

活動

呈現想法並且獲得同意之後，簡報就會產生工作的活動。大多數簡報會說服人們採取行動，所以簡報會產生很多活動。

媒體

還有，簡報中出色的思考獲得鞏固之後，它就會在簡報中起漣漪、告知其他必要的相關題材以支持並散播想法、比如網站、社群媒體、小冊子等等。

記住，只因為你溝通過你的想法一次，並不表示你就已經完成任務了。需要花幾場簡報的時間一再發表，才能使某個想法成真。準備充分的簡報會加速對簡報的採納並且改變你的世界！

→收入表現（每個稀釋股份的循環）

二○○一年八月中旬，肯尼思·萊在一場員工會議上呈現的就是這張投影片，向他們保證二○○一年表現得很好，二○○二年還會更好。其實安隆公司在二○○一年底已毫無價值。（投影片授權自美國司法部。）

→20% 的平均年度成長率

不要利用簡報做壞事

就算只有迅速看過在安隆（Enron）弊案審訊中提出作證據的幾百張投影片一眼，任何人都會看出簡報在謊言的犯罪中扮演了非常顯眼的角色。簡報是很有力的説服工具，應該被用來做好事而不是壞事。

斯基林（Jeff Skilling，執行長）、肯尼思．萊（Kenneth Lay，董事長）、還有考西（Richard Causey，財務長）都因某些他們的簡報而遭起訴。這三個人各自都被控訴了十項針對他們宣稱公司成長的簡報的罪行，而且肯尼思．萊還被控訴兩項針對員工簡報欺瞞的罪行。因為他們的簡報被經由手機或是網路科技傳送到不同的州，這些行政主管也被控訴了電報詐騙的聯邦犯罪。事實上，斯基林還因為後來被宣判有罪的五條簡報罪狀，被判刑52個月。

簡報讓這些執行主管捲入這場混亂，而正確的簡報卻可以完全避免這場混亂。

- **從簡報開始的醜聞**：安隆公司的財務總監安德魯．費斯托（Andrew Fastow）是精明的財務長，他利用「特殊目的的實體」隱藏數十億的資金，最後在他的口袋裡裝滿了超過4千5百萬的錢。據《今日美國報》（USA Today）的報導，費斯托發表了「一場針對LJM公司合股的熟練簡報」（創立這家公司的目的是為了隱藏負債），而且「安隆公司的管理者和分析師困惑地盯著彼此看，這聽起來太過美好而不像是真的。」一場由老練的壞人所做的熟練簡報，把他們引誘進入這場混亂。
- **本來可以利用簡報避免的醜聞**：一九九九年二月，一場由安達信會計師事務所（Arthur Andersen）的大衛．鄧肯（David Duncan）做的詳細簡報，無力地提出警告説，安隆公司董事會的稽核委員會對該公司採用了危險的會計作業。這場簡報本來可以拯救安隆公司，如果鄧肯當初大膽地用大寫字體建立一張投影片，寫著：「安隆公司採用危險的會計作業需要調查」，或許就可以避免該公司的終止。正好相反，鄧肯的筆記只能在他密密麻麻的投影片簡報邊緣找到，上面寫著，「很明顯地，我們同意這所有的[危險]」。

安隆公司的高層主管根據他們自己的規則進行這場遊戲，他們下了由貪心和野心激發的危險賭注。最後的崩潰已經難免。身為PowerPoint圖表的大師，他們展現了針對銷售和獲利將向上的放映、鼓勵員工投資，而他們自己卻在同時瘋狂地抽出自己的錢。提出問題的員工會已難以理解的方式被調到其他部門。斯基林利用針對「下一個大得分」的主題提出大膽策略，比如安隆要進入寬頻和天氣預測的市場，更使投資人心煩意亂。（一家石油公司代理天氣預報到底是要做什麼？）

他們激進地設計出徹底拋棄理智和真相的溝通，而且他們利用簡報當作宣傳策略，對員工、分析師、還有股東散播有關安隆公司績效的謊言。在接著發生的潰敗中，該公司共謀的董事會和涉及不法的高層主管可信度盡喪，成千上萬的員工也面臨財務破產。

口頭溝通可以建立王國、也可以推翻王國。簡報是很有力的説服媒介，應該被用來建立什麼，而不是破壞什麼！

安隆公司吹捧價值的簡報

安隆公司每年發表的幾千場簡報中，有許多簡報對安隆公司的終結具有直接牽連。這張圖表特別強調了幾場在這個醜聞中扮演重要角色的簡報。

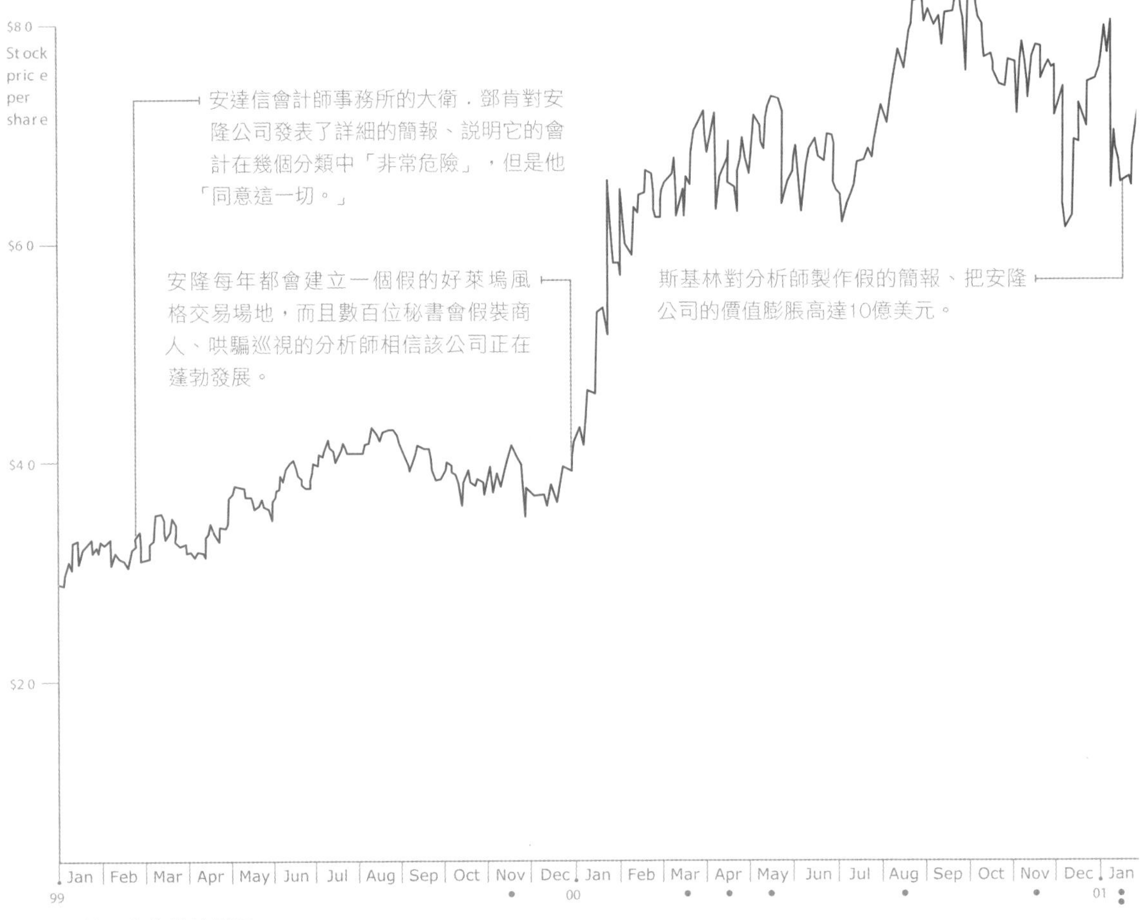

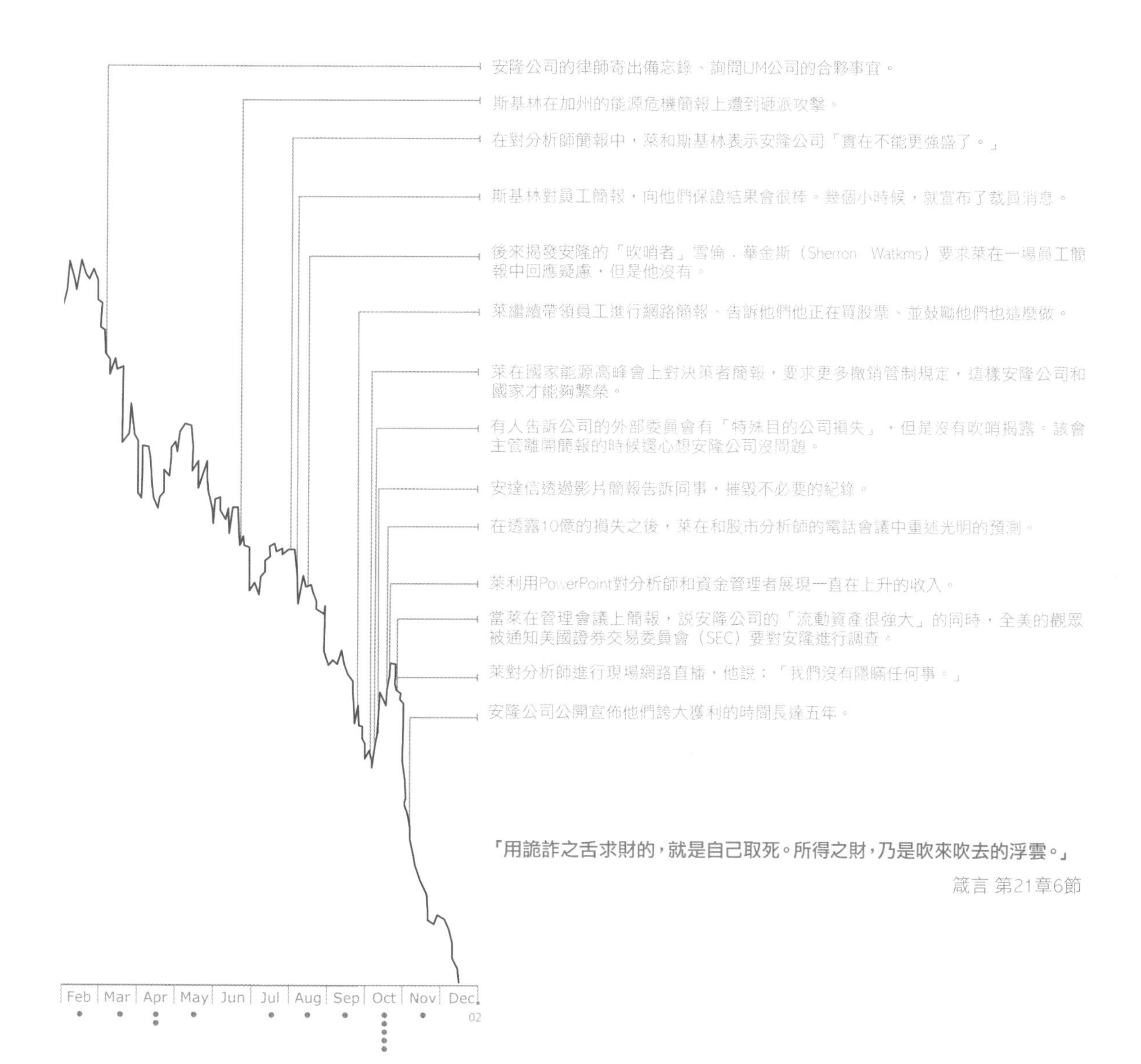

「用詭詐之舌求財的，就是自己取死。所得之財，乃是吹來吹去的浮雲。」

箴言 第21章6節

一種更厲害的競爭優勢

人生當中，有人總是在贏，有人總是在輸。這個道理並不只適用於商場上，就連信念和價值觀也會經歷勝利和失敗的循環。單單根據事物經過溝通的方式，就不斷會產生一種和別人感覺是正確或是錯誤相關的拉扯。

大多數溝通者都是愛好夢想的人，可以看到要去的地方還有到達那裡的方式。公司主管會「看到」公司需要到達的地方、經理會「看到」建立策略的方式、工程師會「看到」製造產品的方法、行銷人員會「看到」推銷產品的方法。就連我們的社會因素也會在獲得解決之前先被「看到」。身為溝通者，你的工作就是要讓別人「看到」你在說什麼，這樣你的想法才會取得牽引力。如果你能做到這點的話，你就贏了。

最近我和一位在一家頂尖國際顧問公司工作的朋友共進晚餐。他的團隊正在和另一家領先公司進行競爭，角逐一筆數百萬元的生意。他們拉攏了所有最聰明的團隊、發表了一場出色的簡報、但是他們卻很震驚地收到消息，他們並沒有贏得這筆生意。原因是什麼？儘管客戶證實我朋友的公司比較聰明，客戶卻沒辦法理解他們的發現。他們的出色之處被密集、聽起來很聰明的投影片給蒙蔽了。我朋友的公司做的工作比較聰明，然而，另一家公司卻用一種有用的方式傳達他們的發現。如果它們不能被理解的話，世界上所有的聰明就一點價值都沒有。

請讓股東了解你的想法，若你的競爭對手的概念依然模糊難懂，那就可以確保勝利。如果善加呈現，聰明的想法可以是點燃的火花、引發人類和題材資源的爆炸。一場偉大的簡報會提供聰明的想法和優勢。

如果你的簡報很棒，它就可以成為廣泛延伸的媒體現象。現在這個時代，比起歷史上其他時代，偉大的簡報會超越它們被發表的時刻、因為上百萬沒有親自到場的人也可以觀看它們。在你發表它很久很久之後，你的簡報還是可以一再地被觀看。在YouTube上，蘭迪．鮑許（Randy Pausch）的「最後一課」觀看次數已經超過1千2百萬次。TED.com網站發起的各種知識18分鐘簡報，觀看次數已經超過一億次。馬丁．路德．金恩的〈我有一個夢〉演說在YouTube上的觀看次數已經超過1千5百萬次。這些數字大到足以展開某個時刻。當一場簡報很偉大而且有錄影存檔的時候，人們就會一再觀看它。

如果你的訊息很清楚而且值得重複，人們就會重複它。如果有人重複你的訊息，你就贏了！聽起來很簡單吧？確實很簡單。

個案研究：馬丁．路德．金恩
[他的夢成真了]

馬丁．路德．金恩是美國歷史上最偉大的演說家和民權運動領袖之一。他的目標是要利用和平的方法終止種族隔離和歧視。

一九六三年，在華盛頓遊行（March on Washington）期間，金恩在林肯紀念堂的臺階上發表他振奮人心的演說〈我有一個夢〉，這場演說後來促成了某個政治運動。

從〈我有一個夢〉中獲得的見解：

接下來幾頁的波形圖包含了這場演說的完整講稿，以便幫助你分辨以下的見解：

- **輪廓：**金恩的演說迅速地在現實狀況和可能狀況之間切換，這點對這場集會高張的步調來說非常恰當。
- **誇張的暫停：**每次他暫停的時候，我們就會在波形圖裡放上一個換行符號。在你閱讀這場演說的同時，在每一行的結尾呼吸一兩秒，以便體會說出這句話的感覺。
- **重述：**金恩會利用修辭學的策略頻繁地重述。從這場演說的開頭到結尾，他重述了文字的順序以便創造強調。到了結尾的時候，他重述〈我有一個夢〉這句話好幾次，就像是詩歌的副歌。
- **隱喻／形象化的話：**金恩熟練地利用描述性語言來創造腦袋中的影像。比如說，他敘述：「現在是從種族隔離荒涼陰暗的深谷，攀登到種族平等的光明大道的時候。」
- **耳熟能詳的歌曲、經文、還有文學：**金恩利用提到許多神聖的詩歌和對觀眾來說耳熟能詳的經文建立共同點。他甚至還改述了一小段莎士比亞的話：「自由和平等的爽朗秋天如不到來，黑人義憤填膺的酷暑就不會過去。」。
- **提及政治：**金恩引用了幾個政治性資源中的句子，比如〈美國獨立宣言〉(U.S. Declaration of Independence)、〈解放奴隸宣言〉(Emancipation Proclamation)、《美國憲法》，還有〈蓋茲堡演說〉。
- **鼓掌：**金恩的演說迅速地在現實狀況和可能狀況之間切換，這點對這場集會高張的步調來說非常恰當。
- **速度：**金恩會加快並減慢速度以便變化每分鐘說出的話的數量。這點在他的演說中創造了三次清楚而明顯的漸強爆發，建立了熱情的結尾來描述嶄新的幸福。

金恩的演說加強了整個國家對民權運動議題的意識、對國會促進民權立法施加了更多壓力、並且終止了種族隔離和歧視。

一九六三年，金恩被提名為《時代》雜誌年度風雲人物。短短46年後，美國選出了首位非裔美籍總統歐巴馬(Barack Obama)。

偉大的溝通者會創造運動。

請上www聽金恩發表他的演說。

馬丁．路德．金恩
民權運動領袖

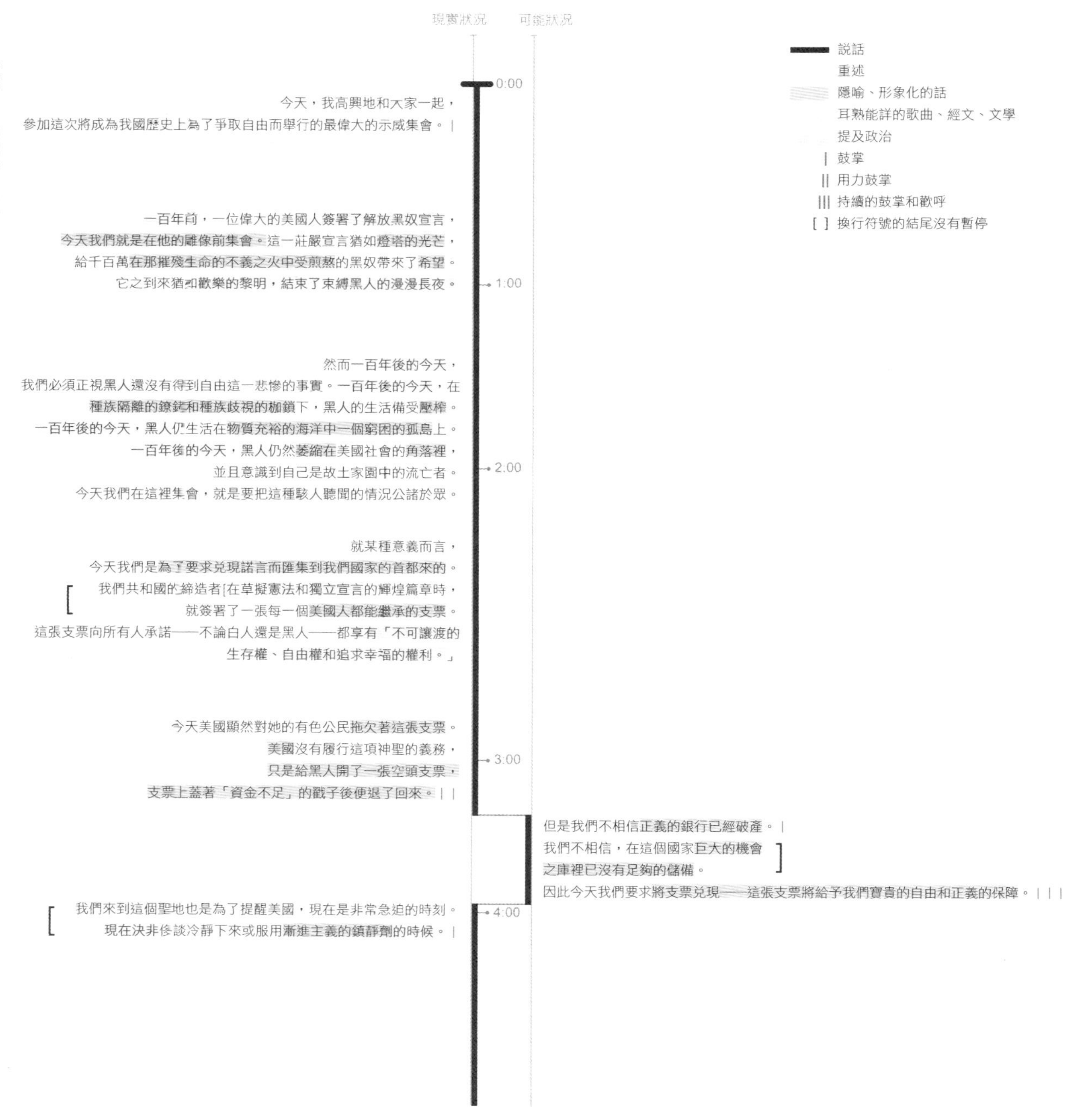

現實狀況
可能狀況
說話
重述
隱喻、形象化的話
耳熟能詳的歌曲、經文、文學
提及政治
| 鼓掌
|| 用力鼓掌
||| 持續的鼓掌和歡呼
[ ] 換行符號的結尾沒有暫停
0:00
今天，我高興地和大家一起，
參加這次將成為我國歷史上為了爭取自由而舉行的最偉大的示威集會。|
一百年前，一位偉大的美國人簽署了解放黑奴宣言，
今天我們就是在他的雕像前集會。這一莊嚴宣言猶如燈塔的光芒，
給千百萬在那摧殘生命的不義之火中受煎熬的黑奴帶來了希望。
它之到來猶如歡樂的黎明，結束了束縛黑人的漫漫長夜。
1:00
然而一百年後的今天，
我們必須正視黑人還沒有得到自由這一悲慘的事實。一百年後的今天，在
種族隔離的鐐銬和種族歧視的枷鎖下，黑人的生活備受壓榨。
一百年後的今天，黑人仍生活在物質充裕的海洋中一個窮困的孤島上。
一百年後的今天，黑人仍然萎縮在美國社會的角落裡，
並且意識到自己是故土家園中的流亡者。
2:00
今天我們在這裡集會，就是要把這種駭人聽聞的情況公諸於眾。
就某種意義而言，
今天我們是為了要求兌現諾言而匯集到我們國家的首都來的。
[我們共和國的締造者[在草擬憲法和獨立宣言的輝煌篇章時，
就簽署了一張每一個美國人都能繼承的支票。
這張支票向所有人承諾——不論白人還是黑人——都享有「不可讓渡的
生存權、自由權和追求幸福的權利。」
今天美國顯然對她的有色公民拖欠著這張支票。
美國沒有履行這項神聖的義務，
只是給黑人開了一張空頭支票，
3:00
支票上蓋著「資金不足」的戳子後便退了回來。||
但是我們不相信正義的銀行已經破產。|
我們不相信，在這個國家巨大的機會]
之庫裡已沒有足夠的儲備。
因此今天我們要求將支票兌現——這張支票將給予我們寶貴的自由和正義的保障。|||
4:00
[我們來到這個聖地也是為了提醒美國，現在是非常急迫的時刻。
現在決非侈談冷靜下來或服用漸進主義的鎮靜劑的時候。|

現在是實現民主的諾言的時候。
現在是從種族隔離荒涼陰暗的深谷，攀登到種族平等的光明大道的時候。
現在是｜
把我們的國家從種族不平等的流沙中拯救出來，置於兄弟情誼的磐石上的時候。
現在是｜
向上帝所有的兒女開放機會之門的時候。

5:00

如果美國忽視時間的迫切性和低估黑人的決心
，那麼，這對美國來說，將是致命傷。
自由和平等的爽朗秋天如不到來，黑人義憤填膺的酷暑就不會過去。
一九六三年並不意味著鬥爭的結束，而是開始。
有人希望，黑人只要消消氣就會滿足；
如果國家安之若素，毫無反應，這些人必會大失所望。｜｜
黑人得不到公民的權利，美國就不可能有安寧或平靜。
正義的光明的一天不到來，叛亂的旋風就將繼續動搖這個國家的基礎。

6:00

但是對於等候在正義之宮門口的心急如焚的人們，有些話我是必須說的。
在爭取合法地位的過程中，我們不要採取錯誤的做法。
我們不要為了滿足對自由的渴望而抱著敵對和仇恨之杯痛飲。｜｜
我們鬥爭時必須求遠舉止得體，紀律嚴明。
我們不能容許我們的具有嶄新內容的抗議蛻變為暴力行動。
我們要不斷地昇華到以精神力量對付物質力量的崇高境界中去。

7:00

現在黑人社會充滿著了不起的新的戰鬥精神，
但是我們卻不能因此而不信任所有的白人。
因為我們的許多白人兄弟已經認識到，他們的命運與我們的命運緊密相連的，
他們的自由與我們的自由休戚相關他們今天參加遊行集會就是明證。｜｜｜
他們的自由與我們的自由是息息相關的。
我們不能單獨行動。
當我們行動時，我們必須保證向前進。我們不能倒退。

8:00

現在有人問熱心民權運動的人，「你們什麼時候才能滿足?」

只要黑人仍然遭受警察難以形容的野蠻迫害，我們就絕不會滿足。
只要｜我們在外奔波而疲乏的身軀不能在公路旁的汽車旅館和城裡的旅館
找到住宿之所，我們就絕不會滿足。｜｜
只要黑人的基本活動範圍只是從少數民族聚居的小貧民區
轉移到大貧民區，我們就絕不會滿足。
只要我們的孩子被「僅供白人」的牌子剝奪自我，
損毀尊嚴，我們就絕不會滿足。｜
只要密西西比仍然有一個黑人不能參加選舉，
只要紐約有一個黑人認為他投票無濟於事，我們就絕不會滿足。｜｜

9:00

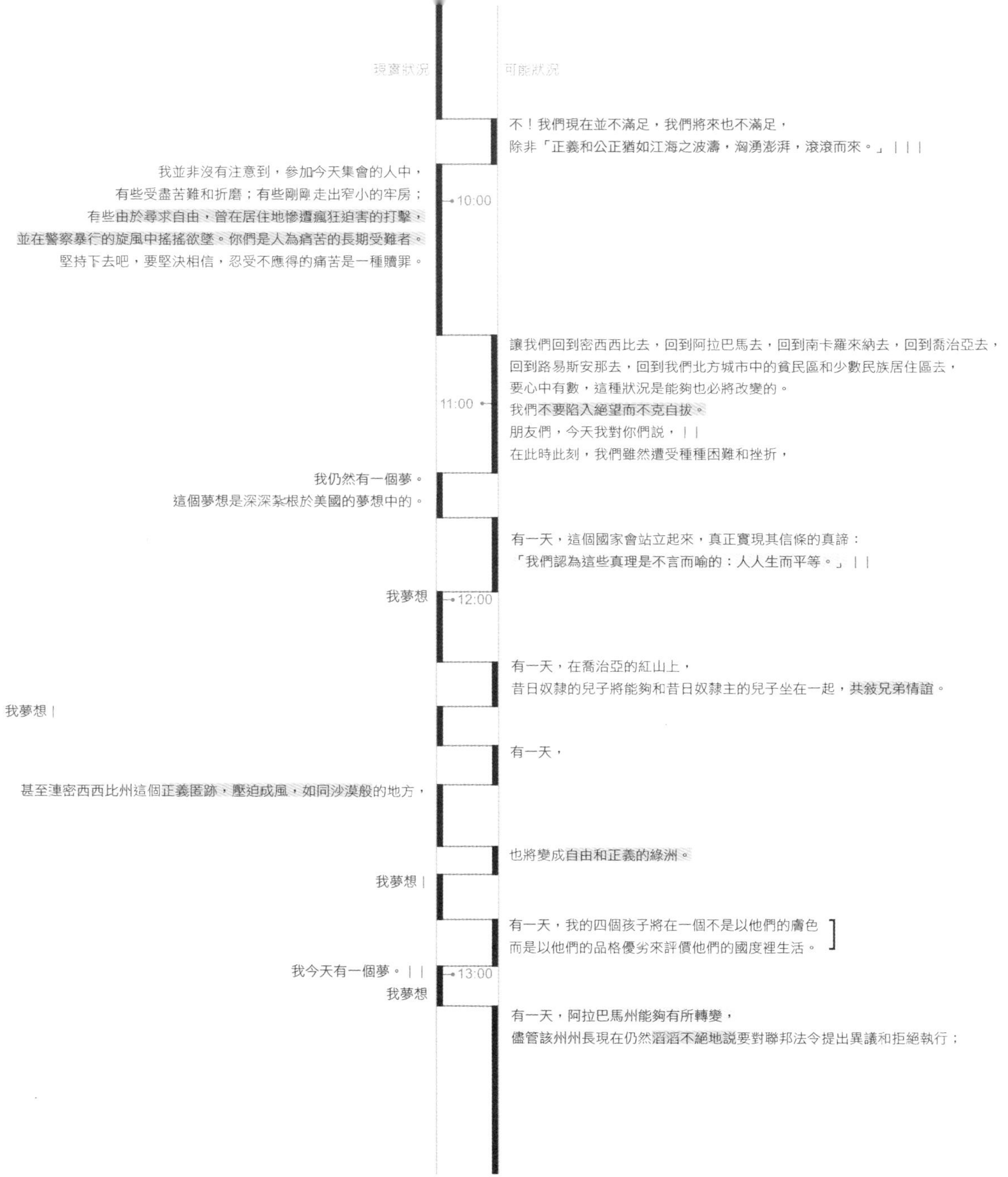

現實狀況　可能狀況

不！我們現在並不滿足，我們將來也不滿足，
除非「正義和公正猶如江海之波濤，洶湧澎湃，滾滾而來。」|||

我並非沒有注意到，參加今天集會的人中，
有些受盡苦難和折磨；有些剛剛走出窄小的牢房；
有些由於尋求自由，曾在居住地慘遭瘋狂迫害的打擊，
並在警察暴行的旋風中搖搖欲墜。你們是人為痛苦的長期受難者。
堅持下去吧，要堅決相信，忍受不應得的痛苦是一種贖罪。

10:00

讓我們回到密西西比去，回到阿拉巴馬去，回到南卡羅來納去，回到喬治亞去，
回到路易斯安那去，回到我們北方城市中的貧民區和少數民族居住區去，
要心中有數，這種狀況是能夠也必將改變的。
我們不要陷入絕望而不克自拔。
朋友們，今天我對你們說，||
在此時此刻，我們雖然遭受種種困難和挫折，

11:00

我仍然有一個夢。
這個夢想是深深紮根於美國的夢想中的。

有一天，這個國家會站立起來，真正實現其信條的真諦：
「我們認為這些真理是不言而喻的：人人生而平等。」||

我夢想

12:00

有一天，在喬治亞的紅山上，
昔日奴隸的兒子將能夠和昔日奴隸主的兒子坐在一起，共敘兄弟情誼。

我夢想|

有一天，

甚至連密西西比州這個正義匿跡，壓迫成風，如同沙漠般的地方，

也將變成自由和正義的綠洲。

我夢想|

有一天，我的四個孩子將在一個不是以他們的膚色
而是以他們的品格優劣來評價他們的國度裡生活。

我今天有一個夢。||

13:00

我夢想

有一天，阿拉巴馬州能夠有所轉變，
儘管該州州長現在仍然滔滔不絕地說要對聯邦法令提出異議和拒絕執行；

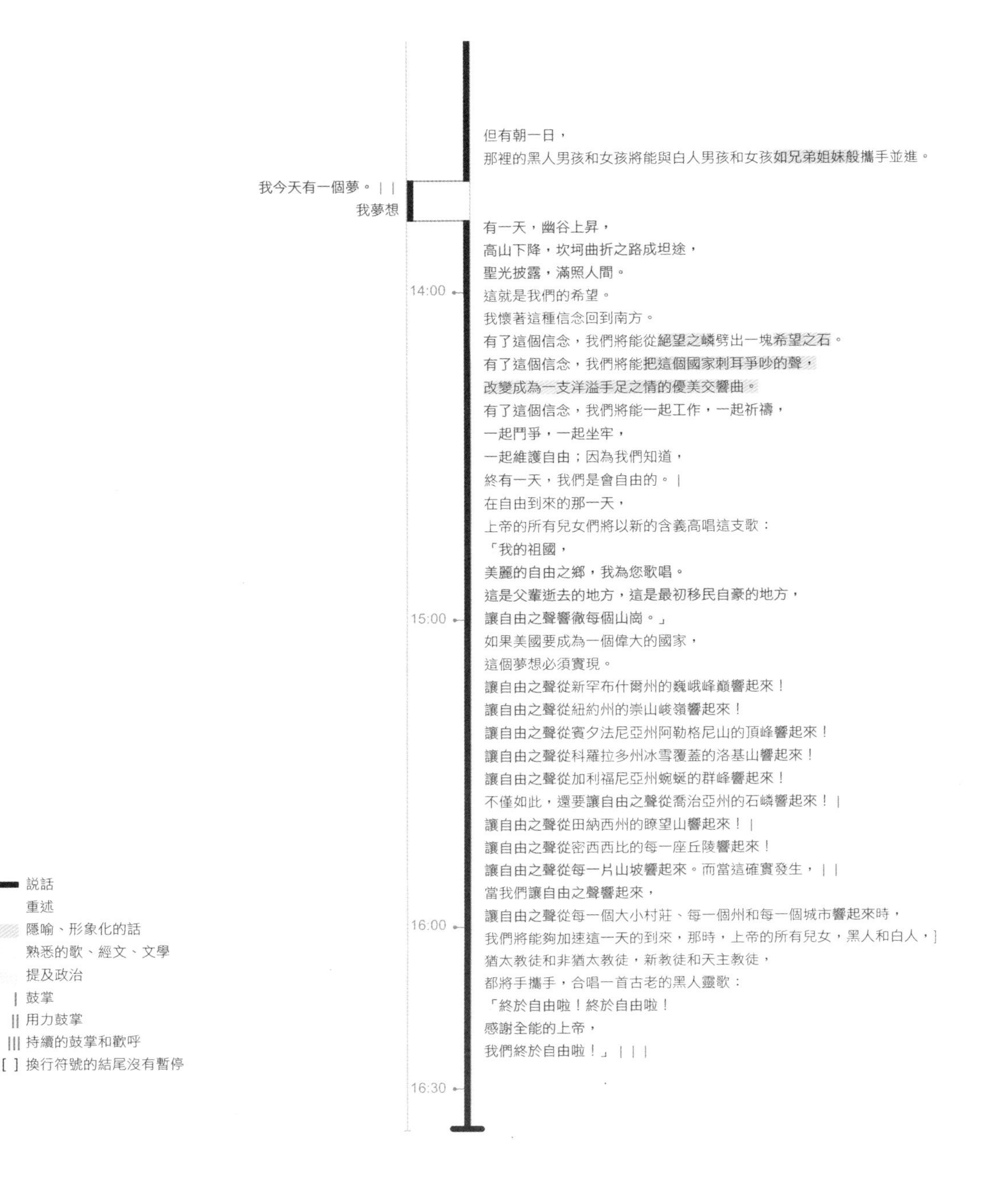
但有朝一日，
那裡的黑人男孩和女孩將能與白人男孩和女孩如兄弟姐妹般攜手並進。
我今天有一個夢。||
我夢想
有一天，幽谷上昇，
高山下降，坎坷曲折之路成坦途，
聖光披露，滿照人間。
14:00
這就是我們的希望。
我懷著這種信念回到南方。
有了這個信念，我們將能從絕望之嶺劈出一塊希望之石。
有了這個信念，我們將能把這個國家刺耳爭吵的聲，
改變成為一支洋溢手足之情的優美交響曲。
有了這個信念，我們將能一起工作，一起祈禱，
一起鬥爭，一起坐牢，
一起維護自由；因為我們知道，
終有一天，我們是會自由的。|
在自由到來的那一天，
上帝的所有兒女們將以新的含義高唱這支歌：
「我的祖國，
美麗的自由之鄉，我為您歌唱。
這是父輩逝去的地方，這是最初移民自豪的地方，
15:00
讓自由之聲響徹每個山崗。」
如果美國要成為一個偉大的國家，
這個夢想必須實現。
讓自由之聲從新罕布什爾州的巍峨峰巔響起來！
讓自由之聲從紐約州的崇山峻嶺響起來！
讓自由之聲從賓夕法尼亞州阿勒格尼山的頂峰響起來！
讓自由之聲從科羅拉多州冰雪覆蓋的洛基山響起來！
讓自由之聲從加利福尼亞州蜿蜒的群峰響起來！
不僅如此，還要讓自由之聲從喬治亞州的石嶙響起來！|
讓自由之聲從田納西州的瞭望山響起來！|
讓自由之聲從密西西比的每一座丘陵響起來！
讓自由之聲從每一片山坡響起來。而當這確實發生，||
當我們讓自由之聲響起來，
讓自由之聲從每一個大小村莊、每一個州和每一個城市響起來時，
16:00
我們將能夠加速這一天的到來，那時，上帝的所有兒女，黑人和白人，]
猶太教徒和非猶太教徒，新教徒和天主教徒，
都將手攜手，合唱一首古老的黑人靈歌：
「終於自由啦！終於自由啦！
感謝全能的上帝，
我們終於自由啦！」|||
16:30
說話
重述
隱喻、形象化的話
熟悉的歌、經文、文學
提及政治
| 鼓掌
|| 用力鼓掌
||| 持續的鼓掌和歡呼
[ ] 換行符號的結尾沒有暫停

個案研究：瑪莎・葛蘭姆
[對世界展現她的感受]

雖然以舞者而聞名，瑪莎．葛蘭姆同時也是一位有力的溝通者。她發展出一種特質，是任何嚮往成為偉大簡報者的人都應該要培養且懷抱的。她出色地提出實際行動反對社會的本質。儘管似乎有許多壓倒性的障礙，她依然堅持不懈。她對抗並且克服自己的恐懼、她尊重並且和她的觀眾產生深刻的連結、而且她從來不曾對傳達她最深層的感受有所推縮。

葛蘭姆花了她一生的時間挑戰舞蹈的本質，還有舞者可以做出的貢獻。她把舞蹈視為一場探索、對人生的頌揚、以及需要有絕對決心的宗教號召。

儘管困難重重，葛蘭姆還是成為了舞者。在她成長的環境中，人們一聽到要把舞蹈當作畢生事業的反應就是皺眉頭。**當她終於開始抱著想把它當作職業的想法研究舞蹈時，大家都認為她太老、太矮、太重、而且也太平凡，所以沒有人認真看待這件事。**「他們認為我優秀得足以當個老師，而不是舞者。」她回憶説道。但是她知道她想做的是什麼，而且用足以為她這一生留下標記的熱烈程度來追求她的目標。舞蹈是她活著的理由。因為願意冒著一切的風險、受到燃燒不盡的熱情驅使、她完全把自己奉獻在她的藝術上。「我並沒有選擇成為一個舞者，」她常常這麼説，「是舞蹈選擇了我。」

對葛蘭姆來説，傳統的歐洲芭蕾看起來很頹廢又不民主。古典芭蕾的歷史可以回溯到超過三百年前，當時它起源於歐洲皇室的一種優雅景象。芭蕾是一種非常受制的舞蹈形式、它的特色是優雅和動作的精確，而不是展示的自由。

葛蘭姆打算要拋棄傳統的芭蕾。她發明了一種革命性的舞蹈語言，一種原始的移動方式，她用這種方式透露出人類經驗共有的快樂、熱情、還有悲傷。取代優雅的高飛跳躍穿梭空間，在她尋求放下赤裸的基本人類情緒和感覺的過程中，她引進了突出、有稜有角的動作、直率的姿勢、還有堅定的臉部表情。她的舞蹈就是故意要具有挑戰性而且使人心神不寧。

這種新式的舞蹈並沒有受到所有人的喜愛，因為它既不美麗也不浪漫。葛蘭姆常常是嘲笑的目標和懷有敵意的笑話的笑柄。一九二〇年代，美國女性不久之前才剛獲得投票的權利，而且許多人還對尋求職業和投票的「新女性」形象感到不自在。當一個高高踢腿、衣服穿很少的合唱團女孩是可以接受的，但是一個經營舞蹈公司並且創造作品、對戰爭、貧窮、還有偏執做出評論的女性，就顯得非常不自然而且讓人懷疑。

她總是提出異議、特立獨行、而且很美式作風。有些人説她很醜、其他人説她很有革命性。但是葛蘭姆對她的渴望非常堅決，就是要傳達她的感受。

「有一種活力、一種生命力、一種精力、一種刺激會透過你翻譯成為行動，而且因為在所有時候中只會有一個你，這種表現是很獨特的。如果你阻礙它，它就永遠不會存在於任何其他的媒介中，而且將會喪失。」

舞蹈家瑪莎．葛蘭姆

葛蘭姆認為，因為舞者的動作而變得可見的秘密、情感的世界，未必可以用文字表達。她希望觀眾可以「感覺」而不是「理解」她的舞蹈。葛蘭姆從人生醜陋的一面獲取靈感、並且展現這一面。她的每場舞蹈對她來說都有特殊的重要性，因為它們表達出一種她在自己的人生中已經征服過的恐懼。

一九三〇年，葛蘭姆首次公演一種讓人難忘的獨舞，名稱叫做「哀悼」（Lamentation）。WWW 這些稀少的照片顯示她坐在一場矮凳上、穿著一件管狀的罩衫，只露出她的臉、雙手、還有赤裸的腳。在舞蹈中，她一開始先痛苦地左右擺動、把她的手深深插入有彈性的布當中、扭動並且旋轉，就好像試圖要從她的皮膚掙脫。她的角色是難以忍受的悲傷和不幸。她沒有舞出不幸，卻尋求要成為不幸具體的化身。

葛蘭姆回憶，「我最初幾次表演這個舞蹈是在布魯克林，有一位女士在表演之後來找我並看著我，她的臉很蒼白，而且很顯然她哭過。她說：『你永遠不會知道今晚你為我做了什麼，謝謝你』，然後就離開了。我之後問過她，似乎是她曾經目睹她九歲大的兒子在她面前被卡車撞死，她用盡一切努力想哭泣，但是卻哭不出來。但是當她看到『哀悼』的時候，她說她感覺到不幸是很光榮而普遍的，而且她不應該因為『為她的兒子哭泣』而感到難為情。我把這個故事當作我人生中的深刻故事記住，它使我領悟到，觀眾當中永遠會有一個你說話的對象。只有一個。」

葛蘭姆用一種會把憤怒和不幸回饋給她的觀眾的方式

舞動。**她有一種天賦可以讓動作和情感產生連結，她可以讓人們心裡所有、卻沒辦法用文字表達的感受變得可見。**

用任何媒體溝通都是很困難的工作，葛蘭姆的舞蹈對她來說得來不易。當新舞蹈的想法開始成形的時候，就是「偉大神祕的時候」。葛蘭姆會在晚上熬夜工作、在床上堅持、寫下想法、觀察、印象、出自書本的引言，任何可以幫助加深她的想像力的東西。「我會在我床上的一張小桌子上放一台打字機、用枕頭刺激我自己、然後書寫一整晚。」

當她搜尋想法和靈感時，她會廣泛地閱讀、研究心理學、瑜伽、詩集、希臘神話、還有聖經。逐漸地，她的筆記本中寫滿的想法就會開始透露出模式，而她也會寫出詳細的劇本。

在她的作品中，葛蘭姆會重複地扮演一位接受更高的命運號召、被迫在她可以回應呼召之前克服恐懼的女性。這點非常地具有個人風格，因為葛蘭姆本人相信她被賦予「孤單、驚人的天賦」，就是一種神聖的權柄，可以滲透人類靈魂的內在、無論她或許會在其中發現什麼樣令人不自在的真相。

一九九五年，美國政府要求葛蘭姆以文化大使的身分到七個國家的主要城市巡迴。她在每個巡迴點講課，但卻是位非常緊張的簡報者。在葛蘭姆的傳記當中，作者艾格尼斯．德米爾（Agnes de Mille）描述這個場景：「她緊抓住扶手，緊貼著牆壁。她沒辦法思考要用她的手、用她的長袍、用她的腳做什麼。」最後，她逃進她的更衣室鎖上門。但是葛蘭姆試了一次又一次，最後克服了她的恐懼。到最後，美國國務院的官員封給葛蘭姆一個稱號：「我們曾派到亞洲去的最偉大個人大使」。

一直到九十歲時，葛蘭姆都還繼續在發表演講，她已經把演講發揚成一種藝術形式。身為一位擁有富有魅力的聲音、懷有詩意的見解、還有完美無暇的時間感的人物，她早已學會如何讓觀眾保持入迷。

你其實可以說，藉由試圖發現她自己，她也找到了現代舞的世界。在她漫長的旅程中，她發明出一種新的移動方式、一種獨特的舞蹈語言，震撼了全世界的觀眾，也擴大了我們對身為人類所代表意義的了解。

我們每個人都是獨一無二的。我們各自都有自己的創意模式，而如果我們不表達出自己的創意模式，它就會永遠喪失。葛蘭姆反抗習慣、打破障礙、呈現嶄新的想法。她受到喜愛同時也受到辱罵，但還是堅持要克服她的恐懼，只為了傳達她在靈魂中感受到的東西。因為始終決心要傳達她的感受，她永遠改變了舞蹈。

表現得透明，別人就會了解你想的

如果你希望觀眾當中的人可以打開他們的心房，你就必須願意做自己、真心誠意、並且謙卑地揭穿你自己的心思。你必須要表現得透明，但是這很難。站在觀眾面前這件事本身已經是個挑戰。當舞台恐懼混合對領導者要表現得透明的新要求時，它就會十足地嚇人。

表現得透明會讓你個人推銷的天生傾向脱離尋常的方式，因此會有更多空間讓你的想法受到注意。觀眾可以看穿你而看到想法。

表現的透明總共有三個關鍵：

- **表現得誠實：**對觀眾表現誠實並且呈現真正的你。你並不完美，他們明白這點。如果你對你自己和對他們誠實，你的簡報就會具有更多脆弱和真實的時刻。把你自己呈現得全能、有力、沒有任何缺陷的萬事通並不誠實。如果你很真心，你的人性面就會顯露出來。這表示你得分享打開你的聽眾心房的故事、分享你失敗還有如何克服失敗的經驗、並且允許觀眾進入你的內心，好讓他們看到你是真心誠意的。坦然地分享痛苦或快樂的時刻，會讓你透過透明更受觀眾喜愛。

如果你對你自己和對他們誠實，你的簡報就會具有更多脆弱和真實的時刻。把你自己呈現得全能、有力、沒有任何缺陷的萬事通並不誠實。如果你很真心，你的人性面就會顯露出來。這表示你得分享打開你的聽眾心房的故事、分享你失敗還有如何克服失敗的經驗、並且允許觀眾進入你的內心，好讓他們看到你是真心誠意的。坦然地分享痛苦或快樂的時刻，會讓你透過透明更受觀眾喜愛。

「對你自己誠實包含表現並且分享情緒。激勵大多數説故事的人的精神就是『我希望你感覺到我的感受』，而有效的敍述方式設計的目的，就是要讓這件事發生。這樣一來信息就一定會和經驗連結，並且變得難忘。」

彼得．古柏

- **表現得獨一無二：**沒有兩個人會在人生中經歷一模一樣的考驗和勝利。在你的一生當中，你收集了別人沒有的故事和感受。正是這些差異讓你變得有趣。雖然我們往往會用一種適合並且被接受的努力隱瞞自己的差異，但我們獨特的觀點其實才是為某個主題帶來新見解的重點。分享你的想法並且接受這個事實，有時候你就是唯一一個看到你所看到的東西的人。

- **不要妥協：**如果你確實相信你要傳達的東西，那就有信心地講述它，不要退縮。被嘲笑或是拒絕感覺會很可怕，但是有時候這就是代價。嘗試某件之前沒有人曾經做過的事、或是大聲講述某個沒有人有勇氣面對的主題並不容易。記得受到「國王的新衣」的故事鼓勵，故事中的小孩有勇氣説出實際情況，並且因為這麼做粉碎了整個皇室的假象。就是要像這樣做。

我想要表現得透明，
這樣他們才可以理解我說的話。
我想要減少我身上的焦點，
這樣我的想法才會被看見。
根據他們被傳達的方式，
想法不是會消逝就是會受到採用。
如果我很誠實的話，
他們就會感受到我的感受。
表現得真心誠意和謙卑
有助於放大我想要說的話。
我拒絕放棄，
因為我真的相信這是該做的正確的事。
這感覺就像我是唯一一個看到需要發生的事的人，
所以我會盡一切代價讓我的想法進入觀眾的心房。

你可以改變你的世界

無論你傳達你的熱情的機會是來自工作或其他活動，你的人生中總會有一個時刻，這時清楚表達想法會扮演重要的角色，塑造你會成為怎樣的人，還有你將會留下的事蹟。

你的想法可能會很簡單，或者它們可能包含可以解開未知神祕的關鍵。然而，如果你不能好好傳達它們，它們就會失去它們的價值，不會增加任何人性的成份。

你放在你的想法上的數量，應該要反映出你對傳達它在乎的數量。**對你的想法的熱情應該要驅使你投入對你的想法所做的溝通。**

在這本書中，我們探討過幾個人的簡報改變了現狀。他們的溝通榮耀了世界，使它成為更好的地方。這些簡報者具有不同的信仰、服務於不同的各行各業、也懷抱不同的熱情，但是他們全都做了必要的個人投資，以便有效地溝通並且改變他們的世界。當你探討他們產生的深遠影響時，你很容易告訴你自己說，你不會符合他們的標準，因為做簡報對他們來說很自然，對你來說卻並不自然。這其實不是真的。

本書中描寫的人們投資了許多時間在他們的簡報中，而且為了他們想法的文字、結構、還有表達方式傷透腦筋。他們的簡報對他們來說得來不易，但是他們全都決心要用一種成功具說服力的方式去傳達他們的想法。有些人甚至會為自己的想法冒上生命危險。

如果你沒有受到你做的事啟發，或者如果你沒有訊息可以傳達你所熱情的東西，那就去尋找你的召喚。這本書探討過激勵大師、行銷人員、政治家、指揮家、講師、牧師、行政主管、行動主義者、還有藝術家。他們都具有泉湧而出的鼓舞人心想法，也以他們自己獨特的方式來傳達這些想法。你也可以。你只需要找出在你內心深處鼓舞熱情的想法，接著你必須要運用同樣的紀律來傳達它，就像音樂家或舞者對他們的記憶運用的方式一樣。

今天這個時代，比起其他任何時代，人們很渴望表現突出而且值得相信、可以鼓舞人心的想法。在我們的文化中充斥著如此多虛偽不實的噪音，所以當你用真心和熱情呈現想法的時候，它就會突出並且產生共鳴。

我們生來就是要創造想法，但讓人們感覺到我們所相信的事物對他們有利害關係，就很困難。

以「想法呈現的方式有多棒」來判斷想法的價值似乎不太公平，但是這卻是每天發生的現象。**所以，如果你可以善加溝通一則想法，在你心裡，你就會擁有改變世界的力量。**

去改變
你的世界吧

尾聲

靈感到處都有！

個案研究：莫札特
[在格式內保持彈性]

古典音樂中有一種稱為奏鳴曲式的結構，和簡報格式很類似。奏鳴曲有標準的「規則」可以遵守，但是每首奏鳴曲聽起來都很獨特。奏鳴曲的表現不會是經過策劃或是刻板的，而且我們可以從中獲取針對我們簡報的靈感。

具有三部分的奏鳴曲式結構

結構使得聽眾可以預料接下來會出現什麼。奏鳴曲格式具有三個部分：

❶ **開端（呈示部）**：介紹音樂主題，而且通常會重複，這樣聽眾才可以分辨音樂的中心思想。讓聽眾徹底了解最初的主題很重要，這樣他們才可以在修正（在現實狀況和可能狀況之間創造一種可以辨認的差距）它的時候認出它。

❷ **中段（發展部）**：改變音樂主題並且反覆。這是曲子中最刺激的部份，因為聽眾會因為作曲家修改中心思想的方式而激起興趣，聽眾可以聽出主題介於開端和發展期間的變化之間的緊張，其中會有一種驚喜的元素。

❸ **結尾（再現部）**：等想法在發展部經過修改之後，樂曲會轉變回原來的主題。當主題經過在發展部期間的修改之後再次展現，會有一種特殊的感覺。

奏鳴曲格式

呈示部			發展部	再現部		
A			B	A		
a	b	c	a b c	a	b	c
主調	屬調	屬調	外部鍵	主調	主調	主調

對比會讓事物保持有趣

對比會讓簡報保持有趣，對音樂來說也是一樣。

❹ **音調的對比**：簡單來說，音調的對比就是音階的改變。班傑明．山德爾在他的簡報中（62頁）提到，音樂有一個屬於它的「家」或渴望完結的地方。這個家就是主調，和聲的美麗就在於，人類的耳朵可以辨認出我們何時離開和待在家裡。

❺ **動態的對比**：當音樂在吵鬧和輕柔之間切換的時候，就會創造動態的對比。有時候轉換會很突然，而其他時候則會很平緩。

❻ **組織的對比**：

a.複調/單調——從樂曲的開頭到結尾，永遠都會有清楚的旋律行列。有時候所有樂器會齊聲演奏同樣的旋律（單調），其他時候一種樂器會演奏旋律、其他樂器則補足並伴隨著旋律（複調）。

b.命運——每個單位演奏的音符數量會決定命運。有時候每個單位中只會有幾個音符，而其他時候則會有許多音符，往往會在同一時間內演奏。

一首有趣奏鳴曲的基礎的在於，它在變換多端的層次中會有對比，就跟簡報類似。就像一首偉大的奏鳴曲一樣，一場偉大的簡報也應該遵照簡報格式的結構，但是要在它的限制條件內保持彈性。身為「你的簡報的作曲家」，你必須要創造誇張的對比，才能讓觀眾的興趣保持刺激。

上面每個用藍色圓圈編號的項目，都會在接下來幾頁的波形圖中表示。

莫札特（Wolfgang Amadeus Mozart）
奥地利作曲家

奏鳴曲的波形圖

下面是我兒子對莫札特的〈第13號小夜曲〉（Eine kleine Nachtmusik）第一樂章中包含的結構和對比所做的分析。你可以看到清楚的結構：開端（1）、發展部/中段（2）、還有再現部／結尾（3）。音樂中最重要的對比就是音調的對比（4），還有記得注意其他兩種形式的對比有多廣泛（5）、（6）。對比很重要。

沒有兩首奏鳴曲會一模一樣，因為偉大的作曲家知道如何在格式內彈性地創作。如果你需要靈感，這本書的網站上有形象化並且配合音樂的奏鳴曲。www

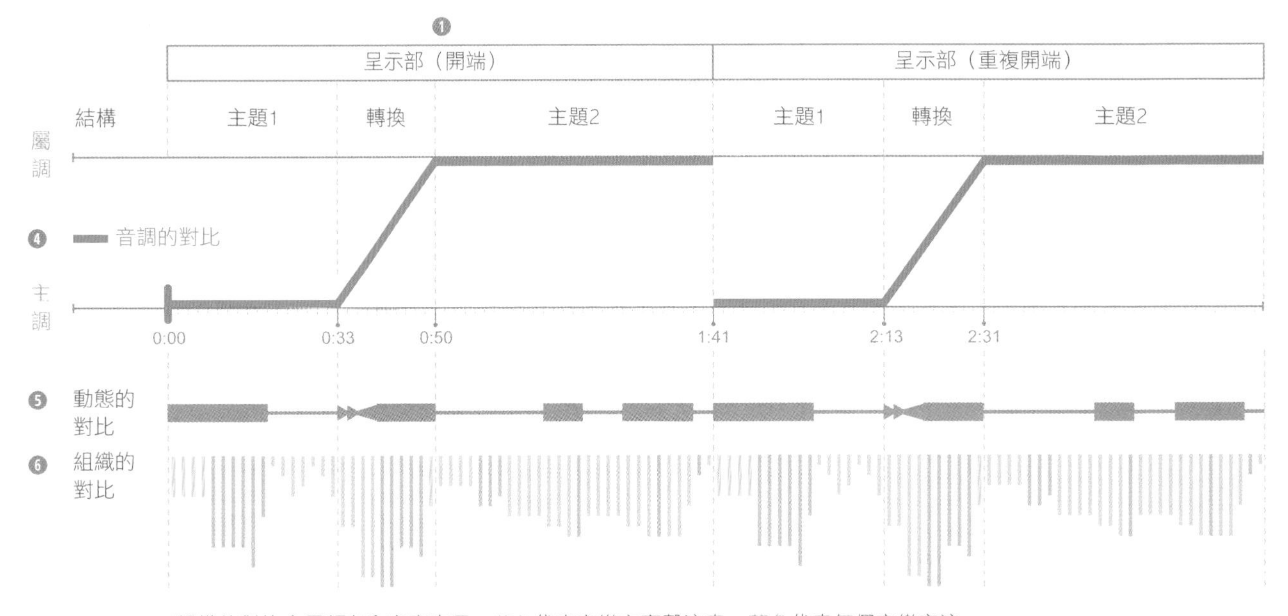

*組織的對比會用顏色和高度表示。黃色代表音樂家齊聲演奏，藍色代表每個音樂家演奏某些不同的音樂，而綠色代表這兩者的混合。線條的高度代表音樂的命運。短的線條代表每個單位的音符比較少（緩慢音樂的特徵），而比較長的線條代表每個單位的音符比較多（快速音樂的特徵）。

尾聲是在再現部結束之後演奏的附加題材。像賈伯斯的簡報常常會有「尾聲」。正當你以為他已經揭開一切的時候，他總會提出「哦，等等！還有更多！」的時刻。

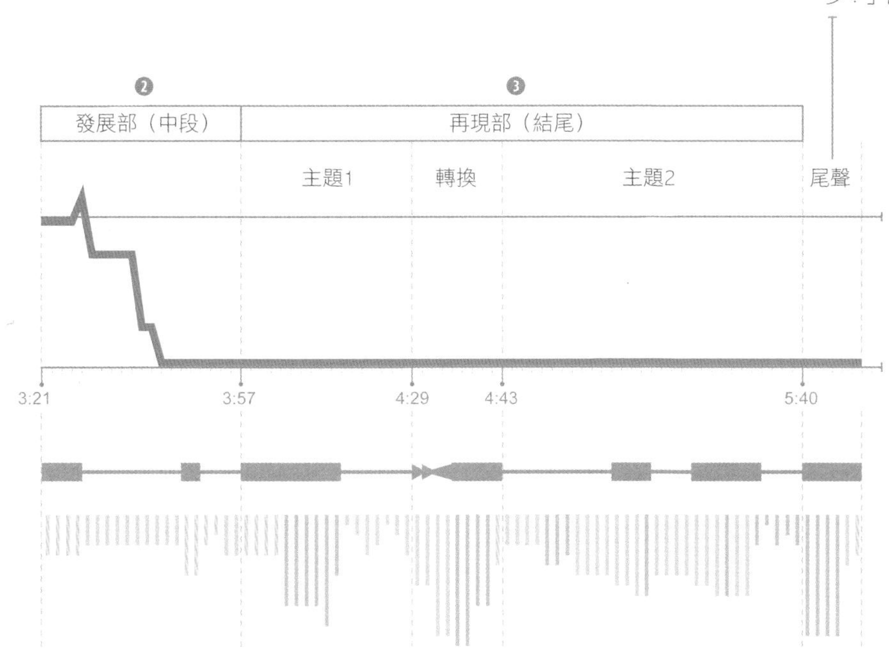

個案研究：希區考克
[當個協同創作的願景家]

簡報者是單獨個人的公開角色，但是在現實中，最棒的簡報其實是來自一群幕後授權團隊協力完成的努力。

亞佛烈德．希區考克（Alfred Hitchcock）掌控了他的電影中重要創意的主軸，但是他也非常仰仗他的團隊進行的創意發展和製作。在拍成電影之前，想法會先經過寫下及畫下。**希區考克會和編劇合作發展出一種書面的框架（劇本），接著他會和美工設計師合作創造形象的框架（草圖和電影記事板）。**

- **書面的框架**：對希區考克來說，對於電影真正有創意的工作發生在作者的辦公室裡。「我們聚在一起碰頭，緩慢地從討論、辯論、隨意的建議、偶然又散漫的談話、進行到激烈的智力爭吵，對於這般這般的角色在這般這般的狀況中會做什麼和不做什麼，劇本就會開始產生形狀。」

  無疑地，希區考克使他的作者最棒的優點能夠顯露出來。他們創造了引人入勝的故事、發展出有趣的角色、並且提供引人注目的對話。和希區考克的導演工作結合，結果就是一部無可匹敵的電影作品。

- **形象的框架**：希區考克經常會形象化地表現他的電影。他會從故事或是想法開始，然後迅速轉換到發展電影的外觀。這個程序中的每一個步驟：戲服設計、美工設計、佈景設計、視覺效果、書面的場景敍述、鏡頭清單、電影記事板、還有攝影機角度的描繪，都包括和恰當的部門領袖的對話。希區考克的協力合作通常會採取其中一位指揮者的建議，然後擴展這個建議、把他們的想法整合到集體的程序中。希區考克會在電影開始拍攝之前先設想好他的電影細節。一九六二年，接受法國電影導演楚浮（Francois Truffaut）訪問時，希區考克自豪地說，「拍攝的時候我從來不看劇本，我打從心裡知道整部電影看起來是什麼樣子。」

  女演員珍妮．李（Janet Leigh）如此描述他的一貫手法：「在他的腦袋裡，還有他的劇本頁面上的草稿，電影早就拍好了。他讓我看過模型佈景，並且透過微小的家具移動迷你攝影機往小娃娃移動，完全就是他打算在『電影』的生活中表現的方式。精確地徹底地深入瑣碎的細節。」

創造一部電影會非常需要協力合作的過程，那包含在過程中的每個人都會帶來某種層次的價值。我們越是了解電影背後的創意過程，我們就越能明白一場有效的簡報背後的創意過程。

偉大的領導者會尊敬幫助他們在舞台上出場的幕後人員，「領導」正是指你能使你團隊最棒的優點顯露出來。利用他們的長處和才能來建立你的想法，再對修正你的眼光保持開放，接受他們為計畫帶來的獨特價值。

即使希區考克是站在聚光燈下的人，他還是會讓許多其他人影響他的作品。

我的父親，這本書要獻予的對象，曾經投稿過《希區考克推理雜誌》（Alfred Hitchcock's Mystery Magazine）。
（我把他的短篇故事發表在網路上。） www

在每部電影中，希區考克都會精確地計畫鏡頭、攝影機的動作、甚至是鏡頭裡有幾隻鳥還有攝影機和動作的距離之類的細節。接著，電影記事板藝術家就會描繪出他的願景。

希區考克
英國籍電影導演及製作人

個案研究：康明斯
[規則是用來打破的]

康明斯（E. E. Cummings）是美國著名的詩人、畫家、評論家、作家和劇作家。他以優異的成績從哈佛大學畢業，接著繼續研讀（還是在哈佛）了英文和古典研究的碩士學位。他很喜愛寫作，所以為了成為更好的作家，他選修了一門進階寫作課，課堂上他的老師教導他如何使他的寫作變得更清楚、更明確、也比較沒有贅字。康明斯不斷練習寫作，直到他的手腕受傷。即使他被視為前衛派的詩人，他大多數的作品還是落在傳統的詩作格式內。比如說，他寫的許多詩是「十四行詩」（但是具有現代的變化），而且他偶爾會利用藍調格式（blues form）和離合詩（acrostic poems）。

康明斯了解正確的寫作方式。一直到他完全理解寫作規則之後，他才開始打破它們。康明斯會不斷問他自己，「語言還可以被用來做什麼？」

他利用運用文字本身當做格式，結合他對詩作的愛。他把文字拆開、當做一種分隔字母和音節發音及它們的意義的方式。他也會延伸文字、利用標點符號和大寫字母來增加意義，或是創造視覺上和聽覺上的效果。他強迫讀者緩慢地閱讀、在他們逐步把文字組合回去的過程中品味聲音、並且發現詩裡真正的含意。

大眾一開始並不喜歡他的作品，因為他打破了太多規則，而且他的想法太過激進，使得一般大眾難以消化。長達數十年的時間，他一直受到詩社辱罵，而且他一直努力想讓收支平衡。當他熱切地投稿詩作到出版社時，一家又一家的出版社告訴他說「不，謝了。」在十四家出版社拒絕他的書之後，他最後選擇自己出版。他把這本書稱為《不，謝了》（No Thanks ），而且在書裡他印出了曾經拒絕他的十四家出版社的名字，列出一張形狀像是骨灰罈的清單。

一直到他五十六歲的時候，他的詩作才開始得到應得的認可。隨著他的生涯重新啟動，他開始到處遊歷並在坐滿人的禮堂裡朗讀他的詩、成為美國最知名的詩人。從來沒有任何美國詩人比康明斯還愛開玩笑，也從來沒有任何人比他更擅長在頁面上排列文字。許多詩人曾經模仿過他的風格，但是他們的嘗試只是證明了精通這種風格有多麼困難。他真的是個改革者。

了解規則很重要，這樣你才會明白該如何扭曲甚至打破規則，以便創造意義。

許多改變世界的人都曾經打破規則並且違反標準的慣例。他們表現突出、與眾不同、而且有時候甚至會受到辱罵。有時候某個想法會突出到讓人們覺得很震驚，但是這就是這個想法受到注意必須付出的代價。你的想法一開始或許會被拒絕，但是請振作起來，堅持將會使它從被拒絕轉變成被考慮、最後被採納。一再溝通它，直到你知道你已經盡你的力量做到一切，用來幫助你的英雄踏上他們的旅程。

f

 eeble a blu
r of cr
umbli
ng m

oo

    n(
poor shadoweaten
was
of is and un of

so

)h
     ang
     s
     from

thea lmo st mor ning

有時候康明斯會把一個字拆開，用括弧包裝一句話，用來表示兩件事或是兩個想法同時發生。

第二次世界大戰期間，美國政府把日裔美國人集中到西岸（他們當中有許多人是美國公民）然後強迫他們住在拘留營裡。康明斯的憤怒在詩作上找到了展現的方式，模仿出「基於無知的偏執」。

ygUDuh

ydoan
yunnuhstan

ydoan o
yunnuhstan dem
yguduh ged

yunnuhstan dem doidee
yguduh ged riduh
ydoan o nudn
LISN bud LISN

dem
gud
am

lidl yelluh bas
tuds weer goin

duhSIVILEYEzum

（如果意義不清楚的話，就試著大聲朗讀詩行。）

if there are any heavens my mother will(all by herself)have
one. It will not be a pansy heaven nor
a fragile heaven of lilies-of-the-valley but
it will be a heaven of blackred roses

my father will be(deep like a rose
tall like a rose)

standing near my

(swaying over her
silent)
with eyes which are really petals and see

nothing with the face of a poet really which
is a flower and not a face with
hands
which whisper
This is my beloved my

(suddenly in sunlight
he will bow,

& the whole garden will bow)

康明斯想像他在天堂的父親和母親。他留下一些話沒有寫出來，提醒我們演說可以縮小成為想法的方式，以及沒有說出口的話還是可以被理解。

你的想法很有力量。來自人類腦袋的單一想法可以改變世界。莫札特、希區考克、還有康明斯都利用探索及發展從來不曾存在過的新想法，徹底改革了他們的領域。

你有機會可以透過你的想像力塑造未來。想像一個你的想法已經獲得實現的未來，將會讓你保有靈感可以熱情地傳達你的想法。

所以記得保持彈性、富有想像、並且現在就去改寫所有的規則。

[視覺溝通的法則 9]

你的想像力可以創造現實。

—名導演詹姆斯．卡麥隆

圖解「本書感謝名單」

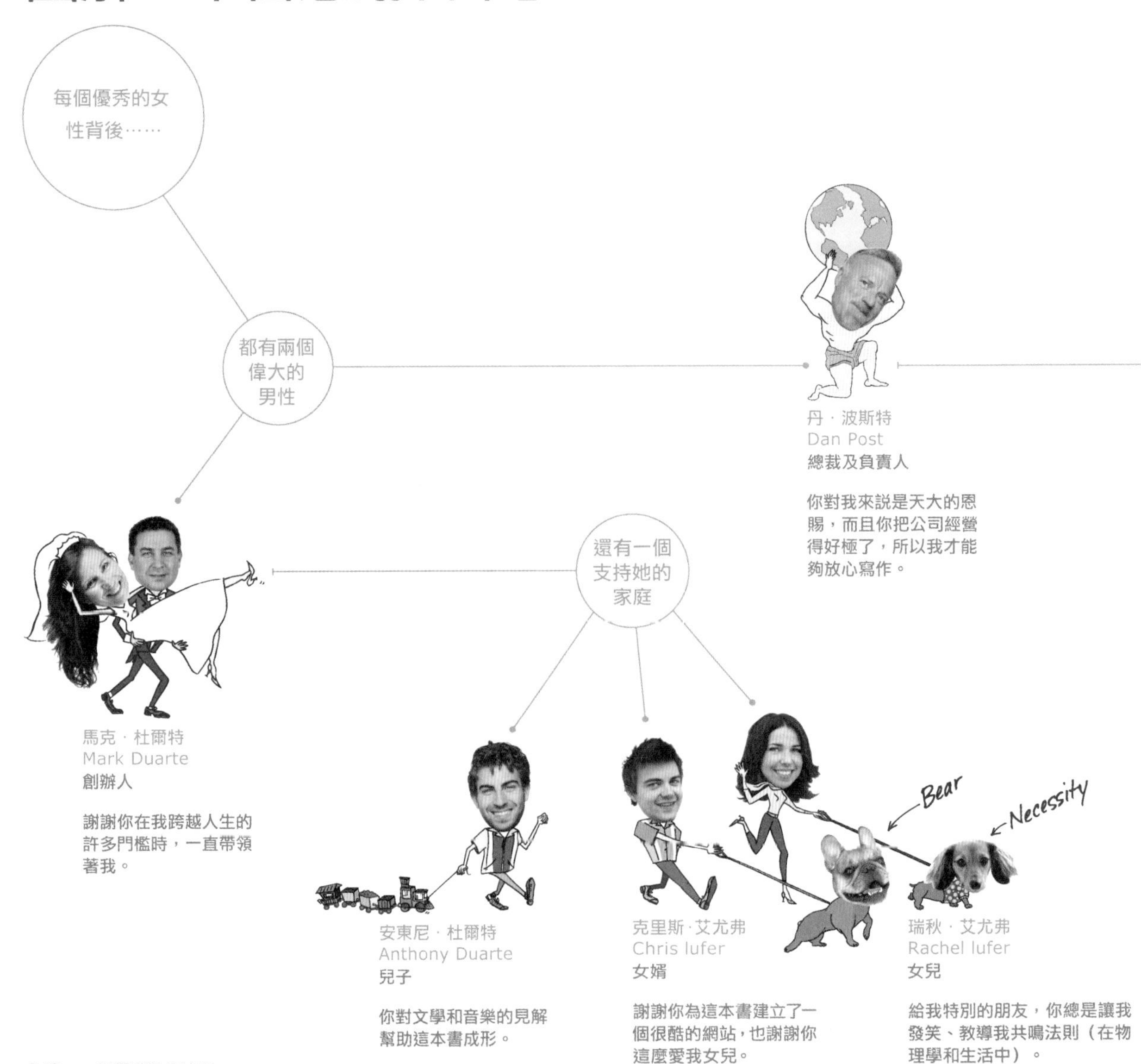

每個優秀的女性背後……
都有兩個偉大的男性
丹．波斯特
Dan Post
總裁及負責人
你對我來說是天大的恩賜，而且你把公司經營得好極了，所以我才能夠放心寫作。
還有一個支持她的家庭
馬克．杜爾特
Mark Duarte
創辦人
謝謝你在我跨越人生的許多門檻時，一直帶領著我。
安東尼．杜爾特
Anthony Duarte
兒子
你對文學和音樂的見解幫助這本書成形。
Bear
Necessity
克里斯·艾尤弗
Chris Iufer
女婿
謝謝你為這本書建立了一個很酷的網站，也謝謝你這麼愛我女兒。
瑞秋．艾尤弗
Rachel Iufer
女兒
給我特別的朋友，你總是讓我發笑、教導我共鳴法則（在物理學和生活中）。

別忘了這個
最有天份的團隊

杜爾特設計公司

多麼聰明又鼓舞人心的一群溝通專家。能和你們所有人共事是我的榮幸。

Adam
Alex
Anne
April
Brent
Brooke
Bruce
Carol
Chris F.
Dan G.
Daniel
Darlene
Dave
Doug
Drew
Ed
Elizabeth
Erik
Fabian
Harris
Helen
James B.
James N.
Jasper
Jessica
Jill
Jo
Jon
Jonathan
Josiah
Katie
Kerry
Kevin
Kyle
Laura
Liz
Lyndsey
M
Marisa
Mark H.
Megan
Melinda
Melissa
Michael
Michal
Michele
Nicole
Oscar
Paul
Paula
Rob
Robin
Ryan F.
Ryan O.
Stephanie
Steve
Terri
Tricia
Trish
Vonn
Yvette

克麗絲汀・布雷奇
Krystin Brazie
前任通訊管理員

我從來沒夢想過會有人可以分擔我如此多的重擔！謝謝你。

黛安卓·馬西亞斯
Diandra Macias
創意總監

黛安卓，這本書美極了。謝謝你的努力和這些年的友誼。

米凱拉・卡斯特洛瓦
Michaela Kastlova
設計師

米凱拉，謝謝你對設計如此一絲不苟。

艾瑞克・艾伯森
Eric Albertson
課程設計總監

你很有勇氣敢殺掉我親愛的寶貝，讓我從頭開始……再從頭開始……

參考著作及文章

1. 彼得 · 古柏。"The Four Truths of the Storyteller." *Harvard Business Review.* December 1, 2007.
2. 賽斯 · 高汀。"Too Much Data Leads to Not Enough Belief." From Seth Godin's Blog. January 21, 2010. http://sethgodin.typepad.com/seths_blog/2010/01/too-much-data-leads-to-not-enough-belief.html.
3. 亞里斯多德。*The Art of Rhetoric.* London: Penguin Books, 1991.
4. 莫泊桑。*The Works of Guy de Maupassant: Volume VIII.* New York: Bigelow, Smith, and Co, 1909.
5. 布萊恩 · 史東。"The 'Storylistening' Trance Experience." *Journal of American Folklore.* 113, 2000.
6. 羅伯特 · 麥基。"Storytelling That Moves People." *Harvard Business Review.* June 1, 2003.
7. 傑克 · 哈特。*A Writer's Coach: The Complete Guide to Writing Strategies That Work.* New York: Anchor Books, 2006.
8. 賈爾 · 雷諾茲。*Presentation Zen: Simple Ideas on Presentation Design and Delivery.* Berkeley: New Riders, 2008.
9. 羅伯特 · 麥基。*Story: Substance, Structure, Style, and The Principles of Screenwriting.* New York: ReganBooks, 1997.
10. 西德 · 菲爾德。*Screenplay: The Foundations of Screenwriting.* New York: Delta, 2005.
11. 克理斯多夫 · 佛格勒。*The Writer's Journey: Mythic Structure for Writers, 3rd Edition.* Studio City: Michael Wiese Productions, 2007
12. 喬瑟夫 · 坎伯。*The Hero with a Thousand Faces.* Novato: New World Library, 2008.
13. 威廉 · 哈茲列特。*Selected Writings.* Oxford: Oxford University Press, 1991.
14. 艾略特。"Little Gidding." *Four Quartets.* San Diego: Harcourt, Inc., 1943.
15. 威廉 · 布洛德。"The Shuttle Explodes." *New York Times.* January 29, 1986.
16. 麥可 · 艾登米勒。*Great Speeches for Better Speaking.* New York: McGraw-Hill, 2008. 31–37.
17. 布雷克 · 斯奈德。*Save the Cat! The Last Book on Screenwriting You'll Ever Need.* Studio City: Michael Weise Productions, 2005.
18. 丹尼爾 · 笛福。*The Complete English Tradesman.* London: Biblio Bazaar, 2006.
19. 傑佛瑞 · 詹姆斯。"Create a Dynamite Presentation in 6 Easy Steps." *Sales Machine.* BNET article. http://blogs.bnet.com/salesmachine/?p=9603.
20. 約翰 · 科特。"Leading Change: Why Transformation Efforts Fail." *Harvard Business Review.* January 1, 2007.
21. 布雷克 · 斯奈德。*Save the Cat! The Last Book on Screenwriting You'll Ever Need.* Studio City: Michael Weise Productions, 2005.
22. 約翰 · 科特與里奧納德 · 塞辛格合著。"Choosing Strategies for Change. *Harvard Business Review.* July–August 2008.
23. 布萊茲 · 帕斯卡。*Pensées.* London: Penguin Books, 1995.
24. 藍迪 · 奧爾森。*Don't Be Such A Scientist.* Washington, D.C.: Island Press, 2009.
25. 羅傑 · 馬丁。*The Design of Business: Why Design Thinking the Next Competitive Advantage.* Boston: Harvard Business Press, 2009.
26. 亨利 · 博丁。*Moving Mountains: The Art of Letting Others See Things Your Way.* New York: Macmillan Publishing Company, 1969.
27. 約翰 · 海瑞提與大衛 · 格列巴齊合著。"Generating Applause: A Study of Rhetoric and Response at Party Political Conferences." *American Journal of Sociology.* 1986.

28. 泰倫斯·伽吉羅。*Stories at Work.* Portsmouth: Greenwood Publishing Group, 2006.

29. 葛蘭·休斯。Storytelling Template © HuesWorks.com.

30. 史蒂芬·福。*Now You See It.* Oakland: Analytics Press, 2009.

31. 提姆·布朗。*Change By Design.* New York: Harper Business, 2009.

32. 庫吉爵士。*On the Art of Writing.* Cambridge: Cambridge University Press, 1916.

33. 理查·費曼。*Classic Feynman: All the Adventures of a Curious Character.* New York: WW Norton and Company, 2006.

34. 唐納·比利。*What's the Use of Lectures?* San Francisco: Jossey-Bass Publishers, 2000.

35. 南西·杜爾特。*Slide:ology: The Art and Science of Creating Great Presentations.* Sebastopol: O'Reilly, 2008.

36. 卡曼·蓋洛。*The Presentation Secrets of Steve Jobs.* New York: McGraw-Hill, 2010.

37. 馬克·卡洛。"One Small Step for Clarity." *Houston Chronicle.* October 3, 2006. http://www.chron.com/disp/story.mpl/front/4225856.html.

38. 麥克·伊凡吉利斯特。"Behind the Magic Curtain." *Guardian.* January 5, 2006. http://www.guardian.co.uk/technology/2006/jan/05/newmedia.media1.

39. 夏農。"A Mathematical Theory of Communication." *The Bell System Technical Journal,* Vol. 27, pp. 379–423, 623–656, July, October, 1948. (The Shannon-Weaver Model was slightly modified and retrofitted to fit presentation communications.)

40. 愛德華·埃弗雷特。*Papers of Edward Everett: an inventory.* Harvard: Harvard University Press, 2008.

41. 理察·梅爾。*Multimedia Learning.* Cambridge: Cambridge University Press, 2009.

42. 芭芭拉·哈斯。*Leonard Bernstein: American Original.* New York: Collins, 2008.

43. 倫納德·伯恩斯坦。*Young People's Concerts DVD.* West Long Branch: Kultur.

44. 維克多·雨果。*The History of a Crime.* Boston: Little, Brown and Company, 1909.

45. 馬蒂·紐邁爾。*The Designful Company: How to build a culture of nonstop innovation.* Berkeley: New Riders, 2009.

46. 大衛·博奇與葛蕾絲·安·羅西爾。"Enron Spectacles: A Critical Dramaturgical Analysis." *Organization Studies.* Vol. 25, No. 5, 751–774. New Mexico State University, 2004.

47. 妮拉·班尼杰。"At Enron, Lavish Excess Often Came Before Success." *New York Times.* February 26, 2002.

48. 彼得·貝爾與艾普羅·威特。"The Fall of Enron Series." *Washington Post.* August 1, 2002.

49. 羅素·弗里德曼。*Martha Graham: A Dancer's Life.* New York: Clarion Books, 1998.

50. 喬安·艾可西拉。"Martha Graham on Film." From: *Martha Graham Dance on Film DVD.* Criterion Collection, 2007.

51. 阿隆·科普蘭。*What to Listen for in Music.* New York: Signet Classic, 1985.

52. *Casting a Shadow.* 威爾·史曼能與科琳·葛蘭諾福編著。Evanston: Northwestern University Press, 2007.

53. 亞佛烈德·希區考克。*Hitchcock on Hitchcock.* 西德尼·戈特利布編著。Berkeley: University of California Press, 1995.

54. 肯·莫格。*The Alfred Hitchcock Story.* London: Titan Books, 1999.

55. 凱瑟琳·里夫。*E.E. Cummings: A Poet's Life.* New York, Clarion Books, 2006.

圖片版權註記

說服很有力量 16, 17
Benjamin Zander: TED/Andrew Heavens, Beth Comstock: Photographed by Frank Mari, Ronald Reagan: Courtesy Ronald Reagan Library, Leonard Bernstein: AP Photo/Terhune, Richard Feynman: Courtesy of the Archives, California Institute of Technology, Pastor John Ortberg: Courtesy of Menlo Park Presbyterian Church, Steve Jobs: AP Photo/Paul Sakuma, Martin Luther King Jr.: AFP/Getty Images, © Barbara Morgan/Courtesy of the Martha Graham Center of Contemporary Dance

共鳴會導致改變 19
Chladni plates: Photographed by Anthony Duarte

簡報很無聊 23
Hand: ©iStockphoto.com/Владислав Сусой

乏味會帶來乏味 25
Camouflage Man: Symphonie/Getty Images

人們很有趣 27
Guy behind board: Photographed by Mark Heaps

Cork board: ©iStockphoto.com/Maxim Sergienko

故事會表達意義 31
Projector screen: ©iStockphoto.com/Nancy Louie

你不是英雄 32
All-about-me guy (Ryan Orcutt): Photographed by Mark Heaps

觀眾才是英雄 35
Luke Skywalker & Yoda: Courtesy of Lucasfilm Ltd. *Star Wars: Episode V – The Empire Strikes Back* TM & © 1980 and 1997 Lucasfilm Ltd. All rights reserved. Used under authorization. Unauthorized duplication is a violation of applicable law.

中段：對比 55
M.C. Esher: M.C. Escher's "Circle Limit IV" © 2009 The M.C. Escher Company-Holland. All rights reserved. www.mcescher.com

個案研究：班傑明・山德爾 63
Ben Zander: TED/Andrew Heavens

你要怎麼和這些人產生共鳴？ 71
Duarte Heroes: Photographed by Mark Heaps

區隔觀眾 73
Beers: ©iStockphoto.com/Julián Rovagnati

個案研究：隆納・雷根 75
Ronald Reagan: Courtesy Ronald Reagan Library

承認風險 98
Butterflies: ©iStockphoto.com/Jordan McCullough

個案研究：奇異公司 104
Beth Comstock: Photographed by Dave Russell

想像得到的一切 113
Stack of sticky notes: ©iStockphoto.com/Marek Uliasz

別這麼理智 116
Arnold Schwarzenegger: ©Mirkine/Sygma/Corbis

把想法轉變成意義 120, 121
Nancy's Gram: Photographed by Barbara Childs

Nancy's Gram's teacup: Photographed by Paula Tesch

回憶故事 123
Nancy's sister, Norma

從數據轉變成意義 130
Hans Rosling: TED/Robert Leslie

建立結構 141
Figures (James Wachira and Krystin Brazie) behind glass: Photographed by Mark Heaps

個案研究：理查・費曼 145
Richard Feynman: Courtesy of the Archives, California Institute of Technology

創造S.T.A.R.時刻 163
Richard Feynman: Diana Walker/TIME & LIFE Images/Getty Images

Bill Gates: TED/James Duncan Davidson

Steve Jobs: AP Photo/Paul Sakuma

個案研究：麥可・波倫 164
Michael Pollan: flickr/Pete Foley

可以重複的片段 167
Ronald Reagan: AP Photo/J. Scott Applewhite

Winston Churchill: AP Photo

Johnnie Cochran, Jr.: AP Photo/Vince Bucci, Pool

Muhammad Ali: AP Photo

Neil Armstrong: AP Photo/NASA

引發共鳴的畫面 169
Iraqi women: AP Photo/Hermann J. Knippertz

Zimbabwean woman: © Emmanuel Chitate/Reuters

個案研究：約翰．奧伯格牧師 171
Pastor Ortberg: Photographed by Jeanne DePolo, DePolo Photography

個案研究：賈伯斯 176
Steve Jobs with iPhone: AP Photo/Paul Sakuma

賈伯斯的波形圖 179
Steve Jobs gesture: AP Photo/Paul Sakuma

提供正面的第一印象 187
Nancy Duarte with glasses: Photographed by Mark Heaps

Nancy Duarte in field: Photographed by Jordan Brazie

跳下你的堡壘 189
Tower of Babel: SuperStock/Getty Images

重視簡短 191
Abraham Lincoln: Wikimedia Commons

個案研究：伯恩斯坦 200, 201, 202, 203
Leonard Bernstein: AP Photo/Terhune

Children at concert: Courtesy NY Philharmonic

Manuscripts: © Amberson Holdings LLC, reproduced by permission of The Leonard Bernstein Office, Inc. via the Leonard Bernstein Collection, Library of Congress

Typescript of "Humor in Music" courtesy Joy Harris Literacy Agency

改變世界不容易 209
Vintage poster: Photographed by Mark Heaps

不要利用簡報做壞事 212
Enron hearing: ©Martin H. Simon/Corbis

取得具有競爭力的優勢 216, 217
Paper people: Drawn by Michaela Kastlova, photographed by Mark Heaps and Paula Tesch

個案研究：馬丁．路德．金恩 219
Martin Luther King Jr.: AFP/Getty Images

個案研究：瑪莎．葛蘭姆 225, 226
© Barbara Morgan/Courtesy of the Martha Graham Center of Contemporary Dance

Martha Graham Lamentations: Courtesy the United States Library of Congress, Music Division, Photographed by Herta Moselsio

表現得透明，這樣別人就會了解你的想法 229
Transparent woman: ©iStockphoto.com/Joshua Hodge Photography, treatment by Erik Chappins, writing by Michaela Kastlova

你可以改變你的世界 231, 232, 233
flickr/Christopher Peterson, flickr/Domain Barnyard, flickr/Joi, Joel Levine, flickr/technotheory, flickr/CIPD, flickr/cliff1066™, David Shankbone, flickr/squidish, flickr/libbyrosof, flickr/sskennel, flickr/sillygwailo, flickr/Acumen Fund, flickr/etech, flickr/Paula R. lively - fisher, flickr/cliff1066™, flickr/dbking, flickr/david_shankbone, flickr/Robert Scoble, flickr/whiteafrican, flickr/Wendy Piersall (@eMom), Jasonschock, Túrelio, flickr/Derek K. Miller, South Africa The Good News, flickr/Viajar24h.com, flickr/rajkumar, flickr/Alan Light, flickr/Meanest Indian, flickr/Jim Epler, flickr/Floyd Nello, flickr/Hamed Saber, flickr/Andrew®, flickr/wwarby, flickr/Ministério da Cultura, flickr/Mister-E, flickr/Acumen Fund, flickr/Ray Devlin, flickr/Daniel Zanini H., flickr/Neil Hunt, flickr/promise, flickr/rajkumar1220, Martin Kozák

個案研究：莫札特 237
Mozart: SuperStock/Getty Images

個案研究：希區考克 241
Hitchcock: Michael Ochs Archives/Stringer/Getty Images

The Birds sketch: Courtesy Alfred Hitchcock Trust, Taylor and Faust

個案研究：康明斯 243, 244, 245
Poems reprinted with permission from Liveright Publishing

大寫 BRIEFING PRESS
In action！使用的書. HA0025
大寫出版官方部落格 WWW.BRIEFINGPRESS.NET

視覺溝通的法則

科技CEO與知識大師如何用簡報故事改變世界？

RESONATE: *Present Visual Stories that Transform Audiences*
by **Nancy Duarte**

著者｜南西杜爾特
譯者｜黃怡雪
行銷企畫｜郭其彬、王綬晨、夏瑩芳、邱紹溢、呂依緻
大寫出版編輯室｜鄭俊平、夏于翔
封面設計｜郭嘉敏
發行人｜蘇拾平

出版者 ｜大寫出版
台北市中正區重慶南路一段121號5樓之12
電話：(02)23113678 傳真：(02)23113635
發行｜大雁文化事業股份有限公司
台北市中正區重慶南路一段121號5樓之10
24小時傳真服務：(02)23755637
讀者服務電郵信箱 andbooks@andbooks.com.tw
劃撥帳號：19983379
戶名：大雁文化事業股份有限公司
香港發行｜大雁(香港)出版基地・里人文化
地址：香港荃灣橫龍街78號, 正好工業大廈25樓A室
電話：852-24192288 傳真：852-24191887
電郵信箱：anyone@biznetvigator.com

初版一刷 2011年10月 定價新台幣420元
ISBN 978-986-6316-35-7

國家圖書館預行編目資料

視覺溝通的法則 / 南西.杜爾特(Nancy Duarte)著；黃怡雪譯. 初版
臺北市：大寫出版：大雁文化發行, 2011.10
面；公分
譯自: Resonate : present visual stories that transform audiences
ISBN 978-986-6316-35-7(平裝)

1.簡報
494.6 100017558